『八三』洪水纪实

政协建德市委员会 编

经济日报出版社

图书在版编目（CIP）数据

“八三”洪水纪实 / 政协建德市委员会编. -- 北京: 经济日报出版社, 2021.10

ISBN 978-7-5196-0951-1

Ⅰ. ①八… Ⅱ. ①政… Ⅲ. ①洪水-水灾-概况-建德-1972 Ⅳ. ①P426.616

中国版本图书馆 CIP 数据核字（2021）第 198892 号

“八三”洪水纪实

编　　者	政协建德市委员会
责任编辑	王　含
责任校对	蒋　佳
出版发行	经济日报出版社
地　　址	北京市西城区白纸坊东街 2 号（邮政编码：100054）
电　　话	010-63567684（总编室） 010-63584556　63567691（财经编辑部） 010-63567687（企业与企业家史编辑部） 010-63567683（经济与管理学术编辑部） 010-63538621　63567692（发行部）
网　　址	www.edpbook.com.cn
E - mail	edpbook@126.com
经　　销	全国新华书店
印　　刷	成都兴怡包装装潢有限公司
开　　本	880mm×1230mm　1/32
印　　张	9.75
字　　数	220 千字
版　　次	2022 年 1 月第一版
印　　次	2022 年 2 月第一次印刷
书　　号	ISBN 978-7-5196-0951-1
定　　价	68.00 元

编纂委员会

序

1972年8月3日，建德大地上发生了一场百年一遇的特大洪灾，史称“八三”洪水。这场洪水，给建德人民带来了巨大的灾难，至今想来，仍心有余悸。

我本人就是这场洪灾的亲历者，虽然年纪尚幼，但当时的受灾场景，至今仍然历历在目。一片片倒塌的房屋，洪流中漂浮的树木、牲畜、家具、木料、农具、生活用品，洪水的咆哮声中夹杂着老人和妇女一阵阵呼天抢地声，那种凄凉的景象，令人不忍目睹。据不完全统计，全邑受灾33个公社，受淹土地8万余亩，毁圮房屋1100余间，遇难33人。洪水冲走牲畜1200余头，冲毁堤坝23万余米，损失物资不计其数。面对洪水袭击，中共建德县委、县革委会紧急部署，成立了抗洪指挥部、抗洪突击队，奔赴灾区。全县有14万余人响应县委号召，与驻建部队官兵一道参与抢险。洪灾过后，县委、县革委会组织广大干部蹲点灾区，帮助抢挖埋在污泥里的粮食和各种物资，帮助社员突击抢收成熟的早稻，补种晚稻，开展洗苗、扶苗、补苗、施肥、防治病虫害等工作，修复被冲毁的道路、田塍，最大限度地降低因洪灾遭受的损失。

这场洪灾给我们带来的教训是什么？每年的8月3日，我都会想起这场洪水，并一次次地陷入沉思。俗话说“七分天灾三分人祸”，这场洪灾虽然有寿昌江两岸地形坡度转缓、河床淤积等自然原因，而寿昌江两岸植被的严重破坏，更是人为造成的重要原因。在那个年代，由于人们胡砍乱伐树木，使得山体植被破坏严重；特别是陡坡开垦种粮，以致岩石裸露，表土松软，大大降低了蓄水拦洪能力，一遇暴雨，山洪即发，水、泥、沙、石俱下，淤塞河道，致使排水不畅，结果洪水泛滥成灾。

2016年8月3日，在“八三”洪水暴发44周年之际，建德市政协会同寿昌镇人民政府在寿昌镇十八桥滩下自然村，寿昌江与童家溪汇合处，竖立“抗击‘八三’洪水纪念碑”，以警示“八三”洪水给建德造成巨大灾难的深刻教训。

这场洪灾过去将近50年了，为了铭记教训、敬畏自然、教育当代、启迪后人，市政协组织力量，深入当年受灾地区，开展广泛走访，获取了这场洪灾的生动素材。一些亲历者，也用手中的笔，记录了自己在洪灾中的所见所闻。我们从这些史料中可以看到，县委、县革委会领导和机关干部奋战在抗洪第一线；公社党员干部带领广大社员在洪流中积极转移受灾群众；绝大多数青壮年不顾自家房屋倒塌，争分夺秒地抢救落水群众，抢救集体的粮食和公共财物；一些住户将尚未倒塌的自家房屋腾出来，给受灾邻里安生；一些厂矿企业不仅发动干部职工抗洪抢险，还为受灾群众送去粮食……他们在洪水面前，表现出了大无畏的革命精神和友爱互助的优秀品质。正像采访者邵晋辉在文中所说的那样：“‘八三’洪水带来痛苦和损失的同时，也再一次见证了几千年来中国农民淳朴善良互助互守的品质。洪水和灾后重建期间，隔壁邻居、相识与不相识的、干部与群众之间患难相助的例子不胜枚举，正是这种中华民族传统美德的光芒，再一次帮助他们走出困境，走向希望。”

中国古代哲学家荀子说过：“天行有常，不为尧存，不为桀亡。应之以治则吉，应之以乱则凶。”自大禹以降，水利向来是国之根本；以水利为重，其实也是以民生为重。“八三”洪水虽然是一场自然灾害，但科学治水，防微杜渐，完全可以防止灾害的再次发生，或将灾害造成的损失减少到最低限度。这些年来一直实施的“五水共治”，加强河道的生态治理，通过减少截弯取直，减少浆砌堤坝，并对河道两岸山体减少开垦，大力开展植树造林，正是对乡村河道科学治理的有力举措。

习近平总书记曾深刻地指出：“当人类合理利用、友好保护自然时，自然的回报常常是慷慨的；当人类无序开发、粗暴掠夺自然时，自然的惩罚必然是无情的。人类对大自然的伤害最终会伤及人类自身，这是无法抗拒的规律。”人与自然是生命共同体，人类只有尊重自然、顺应自然、保护自然，才能享有自然馈赠给我们的无尽的财富。

是为序。

建德市政协主席　吴铁民

2021 年 12 月

目 录

那个难忘的夏天

□ 方泉尧 口述　沈伟富 整理

一

1972年的夏天，是个非常炎热的夏天，从7月份开始，老天就几乎没下过透雨。全县上下的干部都奔赴农村第一线，指导抗旱和“双抢”工作。那时，国家对“三农”非常重视，各级干部的工作作风也踏实，中央号召“农业学大赛”，要求各级干部都要深入农村蹲点调研，与农民同吃同住同劳动，而且对干部驻村的时间也作出了明确的规定：省级干部每年驻村时间不少于100天，县级干部不少于200天，公社干部不少于300天，简称“一二三”工作制。我是从浙江冶金工业学校（校址在梅城）毕业，先分配到寿昌石粉厂工作，后调县夺煤指挥部。我们的办公室设在县革委会大院。平时，整个县委大院里，工作人员很少，尤其是在抗旱和“双抢”这个关键季节，除了几个值班人员外，几乎看不到什么人。就连我们夺煤指挥部也不例外，大部分工作人员都下到农村去了。我的领导——县革委会常委、县夺煤指挥部常务副总指挥王震宇（主持工作）是寿昌区“双抢”工作组组长；我的一个同事方土金，和原县革委会书记张树声（“文革”开始后“靠边”了）一起被派到大同区“双抢”工作组。

7月底，中央气象台通过广播向全国发出“台风警报”，而且这次台风向浙江沿海正面袭来。台风要来了，这就等于说要下雨了。下雨，无论对处在抗旱一线的农民来说，还是在酷暑中煎熬的我们，都是大好事，但肯定会对夺煤产生负面影响。因为那时全县的煤矿不少是露天的，有的是平洞，离地表较浅，即使是竖井，坑道也是在浅层，很容易受到地面水的渗漏，加之开采方式比较原始，大部分矿井设施装备都比较简陋。所以，7月29日一早，我就跟着领导到我联系的源口煤矿、田畈煤矿等地检查工作，准备抗台，31日晚上回到指挥部值班。8月1日，我与高宗恭两人值白班。晚上，马本义来接替高宗恭。后半夜，我和马本义说：“你也回家休息吧，这里有我一个人就行了。我年轻，又是单身汉，不要紧的。”马本义回去后，留下我一个人值大夜班。当晚，我睡在办公室。

第二天，也就是8月2日，天就开始阴下来了，天上的乌云打着卷儿从头顶飘过。不久，雨就下起来了，而且一下就是大雨甚至暴雨。我在办公室处理着日常事务，高宗恭顶着暴雨，也来到办公室。由于下雨，气温骤降，感觉有点冷，我准备回宿舍添衣服，顺便取条薄被来，准备晚上值班时盖。高宗恭说：“你去吧，这里有我。”但看看窗外的雨，我又有种莫名的害怕，因为那雨不是在下，而是在往下倒，用倾盆大雨来形容还不够，要用倾缸大雨。思量再三，我还是鼓起勇气，穿上下矿井用的雨衣雨裤和雨靴，回宿舍去。

这个班不像平时，那天的电话特别多，我们和高宗恭一边接电话，一边做记录。大部分电话都是从全县各地的煤矿打来的。首先是安仁煤矿来电，说矿坑积水很深了；过了一会，源口煤矿、石马头煤矿相继来电告急，说坑道进水了，断电了；又过了一会，田畈煤矿来电，说通往矿区的道路被塌方阻断……我俩忙碌了一天，不断地接电话，不断地记录，不断地向领导汇报。晚饭后，马本义来接替高宗恭，和我一起值夜班。到晚上 8 点多钟，电话就没了，值班室里一下子安静了下来，但窗外瓢泼的大雨，还是一阵紧似一阵，雨声不断地从门窗的缝隙中挤进来，把我们的心都挤得紧紧的。

到了深夜，我俩的肚子开始“抗议”了。去食堂，肯定没有人了，不可能会有吃的。我和老马说：“我出去买点吃的回来吧。”

我们的办公室外是水碓坑溪，平时，溪水都从路下的涵洞中流。那天，我打开办公室大门，见溪水已经涨到涵洞上来了，县委大楼的走廊里都进水了，而头顶的雨还是那么疯狂地往下砸。

那时的新安江也没几个地方有夜宵卖，我只记得好像只有麻园岭上有一家，但这样的雨天，不知还会不会营业。我打算去碰碰运气。我头戴矿灯，穿着雨衣雨靴，想从大门出去，但暴涨的溪水已经淹到县委大门的窗台边了，人根本没法进出，我只好从办公楼前田埂边的高墈上爬下去。高墈下面的公路上也已经有水了，但我估计水不会很深，我穿的是高筒雨靴，估计可以蹚过去。

那家小吃店的灯还亮着，我进去买了几个烧饼，从原路返回，回到办公室，与老马分享夜宵。

二

8月3日上午，停了一个晚上的电话突然又响了起来。我拎起电话，原来是我们的领导王震宇从寿昌打来的。他劈头盖脸就从电话里甩过来一句：太严重了！寿昌受灾太严重了，交通中断，电力中断，电话中断。他说他是找了很多地方，最后跑到横钢，借用铁路专线才把电话打通的。他在电话里用命令的口气对我说：“要紧急调动人员和船只，支援寿昌！”他还在电话里具体分配了任务，让高宗恭负责去安徽林办、水泥制品厂联系船只；我去建德县建筑公司找杨德佑书记，落实抢险人员。还说运船运人的火车已经由金华铁路段落实了。

放下电话，我跟老马简单交代了一下工作，就去找高宗恭(他是从水泥制品厂借调到县夺煤指挥部的)，分头去落实。

水泥制品厂和安徽林办都在新安江南岸。我估计渡船已经停开，就骑自行车，从白沙大桥绕过去。从桥上望去，只见新安江中浊浪翻滚，特别是寿昌江口，洪水就像猛兽，向着新安江涌来。

我到水泥制品厂找到高宗恭，向他传达了王震宇指示。不久，由杨德佑书记带队的建筑工人抢险救灾队也到了。安徽全称很快就给我们调拨了5条小木船。装运小木船和抢险人员的火车也都准备就绪。可是，没有吊机，用人力是没有办法把船搬上火车的。县建筑工人很聪明，他们用杉木搭架子，用手拉葫芦把船吊到缆车上，拉到铁路边，再用同样的办法，把船吊上火车。经过两个多小时的努力，终于把5条小木船全拉上了火车。我和参加吊装的十几个工人，还有安徽林办船运队的几个船工，搭乘运送小木船的火车，从新安江火车站出发前往更楼、寿昌方向。

火车先在更楼火车站停靠，把其中的两条小木船卸在更楼，参加抗洪，另外三条继续往寿昌方向运送。

此时的更楼已是茫茫一片，除了几棵大树和少数几个房顶，什么都看不见了，洪水已经淹到铁路的路基。两条小木船从更楼粮站附近下到洪水中，向水中划去。我们重新发动火车，往寿昌方向赶。火车开到寿昌横钢铁路桥上，来了个紧急刹车，因为前方传来消息，说桥北有一段路基已被洪水冲塌，不能前行。无奈，建筑工人硬是在很窄的桥面上，搭起支架，依靠技巧和体力，把三条小木船从火车上卸到桥上，再慢慢推到桥下的洪水中，船运队的队员也分别上了小木船，分头划向大塘边、山峰等地，参加抢险。船到水中，我的心也放下了。此时已近傍晚，我只身一人沿着铁路桥，向对岸走去，准备去寿昌区委，向领导汇报。

快到铁路涵洞桥时，突然，从前方传来一阵沙哑的呼喊声："不要过来，危险!"定睛一看，涵洞桥的那一头站着一个人，朝着我焦急地挥手呐喊："铁路路基下面已经空了，千万要小心……"我凭着年轻，踏着铁轨，疾步而走。那人一步上前，拉着我说："你不要命了!"细看，原来是寿昌区委书记袁登利，只见他全身湿透，两脚全是污泥，脸上写满了疲惫，喉咙也已经半哑。看来，他已经站在这里很久了。

他指着我刚走过的路说："你胆子真大，你看，下面全空了。"我回头一看，果然，我刚才走过的铁轨下真的有一个很大的洞，洞的上面，两根铁轨抓着几根枕木，高高地悬在半空中。好险啊!

袁书记说：“灾情太严重了，电话又不通，你是第一个从县里来的……”我说：“我们去区委吧。”袁书记说：“区委已经进水了，我们的办公地点已经临时搬到寿昌粮站。你先去，我还不能走，因为这里有危险，又没人值守，会出大事的。”我只好先去寿昌粮站临时区委。区里找了两个年轻人去接替袁书记。

天色渐渐晚了，袁书记才从一线回到临时区委：“我们先吃晚饭吧。”正吃着晚饭，外面突然传来呐喊声，说白岭坑水库倒了。一时间，寿昌街上大乱，人们四处乱跑。可是过了好久，并未见有洪水到来，才知这是一个谣言，人们又陆续返回家里。

因为没处睡觉（其实也不敢睡），直到凌晨2点多，我才找到粮站值班室，和几个干部一起，在烛光中相守了一夜。

8月4日早上，王震宇从寿昌区抗洪临时指挥部（设在横钢招待所）来电，要我去指挥部，说有重要任务。

我赶到横钢招待所，王震宇说：“大同受灾很严重，现在情况不明，你赶紧去大同，了解情况，顺便探路，向我汇报。”当时决定，横钢派一辆“跃进”牌货车送我们。那个时候，大家的心思都在救灾上，不管哪个单位哪个部门，谁有事，大家都会心往一处想。我们五六个人稍作准备，带上少量的救灾物资上了车，向着大同方向“跃进”。

三

从横钢出发，一路上看到的不是乱稻草，就是倒下的树木，村庄已经基本上变为废墟，寿昌西湖已全被淤泥所埋，整个十八桥村已经没有了像样的房子，路上全是砂石和柴草，行车十分困难，每走一段路，大家就要下来清理路面。车轮碾压着泥泞，一路摇摆着来到吴潭岭脚。从寿昌到吴潭的这段江上，所有的桥梁都被冲毁，桥洞里桥墩上塞满了树枝、稻草和垃圾。寿昌江绕过岘岭，从南八向着吴潭岭脚直冲而来，岭脚的公路有一半是用石块从江里砌上来的，被水一冲，好几处路基被冲塌了，其中有一处路基被基本冲空，仅存一小半路面。我们的司机也是胆大，他让我们下车，然后开足马力，以最快的速度冲过这段路。车一过，路面就全塌了，汽车的一只后轮已经悬空，但是借着强大的惯性，司机还是让“跃进”以飞跃的姿势闯过了险关。

那时的岘岭还没有隧道，要翻山。因为地势高，路还是比较好走的。可是下了岘岭，路又不好了。从岘岭脚到石岭脚的路，不是倒了一块，就是柴草纵横，泥泞不堪。好不容易到了久山湖，劳村溪横在了前面，溪上的大同桥倒了，车过不去。我们把车停在路边。好在这个时候劳村溪里的水已经退去，当地人已经在冲毁的桥墩上搭起了木桥，过溪也不难。

我急急忙忙赶到大同区委，区委文书和几个干部正在汇总受灾情况，见我是第一个坐汽车从县里派来的干部，都非常惊喜，向我打听寿昌镇及沿途村社的受灾情况，也向我介绍了大同区尤其是徐韩等几个重灾村的情况。我看到他们一个个眼睛通红，肯定这几天都没睡好，每个人的脸上都写满了紧张、劳思、痛心、疲惫和忧伤。特别是当我听说我的同事方土金昨天在徐韩村因抢救小孩，被突然袭来的洪流卷进上马溪，至今生死未卜，心里焦急万分。下午，在区委干部的陪同下，步行去徐韩察看。徐韩是这次受灾最严重的村之一，我们在徐韩看到的情景，用满目疮痍来形容，一点都不过分，村里的房屋倒了，粮食、牲畜被冲走了，还有好几个人失踪，人民群众情绪很不稳定。

据当时报告，村里有7人找不到（包括我的同事方土金）。我找了几个与方土金一同抢险的村民，了解方土金被洪水卷走的情景：那天，天下着大雨，他穿着蓑衣，先是沿着公路把几个老人从村口低洼处送往高地，然后又返回村里，再抱起一个小孩，准备按原路送到安全的地方，突然一股山洪猛冲下来，他和小孩被洪水冲到公路边的沟里，边上人看见他高高地举着那个小孩，就从他手里把小孩接了过来，他自己经过几次挣扎，试图站起来，终因洪水越来越大，越来越急，人就不见了……

在走访中，突然看到上游的村民四处奔逃，而且传来“石郭源水库倒了”的叫喊声。面对四处乱逃的村民，我上前大声劝阻：“不要听信谣言！”在已经是惊弓之鸟的人们面前，我的劝说毫无作用。过了很久，不见有洪水下来，人们才渐渐回到村里……直到傍晚，我们才回到区委。区委值班干部告诉我，王震宇已经来电，要我及时把了解到的情况向他和有关部门汇报。我打电话简要向王震宇作了汇报，并说，晚上区委和工作组要开会，研究救灾工作，要我也参加一下。记得张树声同志在会上强调：“我们要把老百姓的生命、生活放在第一位，目前最要紧的工作是稳定第一，不传谣，不信谣，让受灾的人民群众有地方住，有饭吃。在上级派人来支援之前，先开展自救……”

会议结束，已经是半夜，我在大同区委招待所，就着昏暗的灯光，把收集到的材料做了整理。第二天一早，我就起程往寿昌赶。

四

公路还是不通，徒步到久山湖，在村口的那几棵大樟树下等返回的车。因为公路桥塌了，救援车辆只能到这里。我在大樟树下一坐下，就呼呼地睡去了，因为我已经四天三夜没好好休息过了。

也不知过了多久，耳边传来一声轻轻的呼唤，仿佛有人在叫我的名字。我努力睁开眼，见一个高大的身影站在我的面前。

“这不是蓝老师吗？”我说。

“是呀。你怎么在这里？”

“县里派我下来了解灾情。”

蓝老师上上下下打量着我，一脸的惊讶。也许是看我既累又狼狈的样子，他把我领到他家里，想让我在他家多休息休息。我只在他家转了转，顺便询问了久山湖村的灾情。蓝老师说：“想不到有这么严重，田都冲完了……”说着，几个村民围了过来，反映他们受灾的情况。我说：“我要抓紧赶回去，向领导汇报这里的灾情。请你们放心，政府会想办法救济的。”

蓝老师是新安江区校的体育老师，因为我爱好打篮球，我们是在篮球队认识的。他是放暑假回家参加“双抢”，想不到遇上大灾，更想不到会在村口的大樟树下见到了睡着的我。

他说这次灾情真是有点严重，长这么大，还是第一次遇到，还死了好几个人。他指着溪边对我说，你看，那边盖着的是从溪里捞上来的尸体，在等他们的家人来收尸。我朝溪边看了看，确实有几具用布盖着的尸体。

蓝老师说，现在，公共汽车还没通，有时会有几辆货车过来，你就在这里等吧。他一直陪着我在大樟树下等车。

一辆从寿昌方向来的运送救灾物资的车把我带到了寿昌，我在横钢招待所的临时救灾指挥部见到了王震宇，把了解到的情况简要地向他作了汇报。之后，他要我马上回新安江，把寿昌和大同的灾情向县里作详细汇报。

因为寿昌以下的公路还是没通，我再次沿着铁路桥走到寿昌火车站，准备坐火车回新安江。那时回新安江的客车很少，一天只有两班，一趟是中午，一趟是晚上。由于错过了中午的火车，我和车站工作人员说明情况，请求他们让我搭乘货车回新安江。

回到夺煤指挥部，同事们一见到我，都惊呆了，因为他们不知道从什么地方得知了我“失踪”的消息，而且有不少冶校的同学、老师纷纷打来电话，询问我的情况。我从 3 号早上离开办公室，就没有和同事们取得过任何联系（那时也没办法联系）。问的人多了，连我的同事们都以为我出事了。后来才知道，他们得知的“夺煤指挥部一个姓方的干部，在大同遇难”的消息，指的是方土金。这虽然是场误会，但寻找方土金的工作，在大同上下全面展开，最后，在三村附近的溪边找到了方土金的遗体。

方土金是唐村（今大慈岩镇）公社上吴方人。他的遗体于 8 月 6 日从大同运往上吴方安葬。单位领导派我为代表，去上吴方参加葬礼。

送走了我的同事、兄长、好友，我带着深深的悲痛回到新安江，重新投入到紧张的救灾工作中……

这真是一个让人永远都无法忘记的夏天！

“八三”洪水的回忆

□ 吴铁卿

1972年8月3日，我的家乡建德县寿昌区卜家蓬公社十八桥大队（现为建德市寿昌镇十八桥村）发生了一场百年一遇的大洪水，当天24小时降雨量超过300毫米，新安江支流寿昌江（又名艾溪）水位猛涨，汹涌的波涛冲垮了寿昌林场大桥（原为石拱桥），漫过了320国道，铺天盖地冲向田野、村庄，原十八桥大队倒塌民房（均为土木结构的泥墙干垒房）400余间，只剩少数几幢砖墙瓦房和墙基高一点的泥墙房幸免于难。

洪水高峰出现在下午一至二点左右（据说和上游大同黄龙水库垮塌有关），当滔滔洪水涌来时，倒了数幢房屋，听到一片哭声，人们站在村中几个高土堆上，南面是滔滔的艾溪，北面是淹没的稻田（水深超一米），眼看着桌子、碗橱、床铺、猪等家畜随洪水冲走，谁也没有心思去捞，只担心水位继续上涨而无处逃生。当时卜家蓬公社党委副书记王茂田等领导正好在村里检查工作，他和大队党支部书记张邦彦等商量，组织人员找了几根木头，扎成木筏，他亲自撑筏，抵达对面的杨龙山大队，向临时设在那里的抗洪指挥部汇报灾情，从而及时组织救援，安置灾民。好在全村人都在，没少一个。“人在，就有希望!”傍晚，雨停了，水退了，基干民兵们忙着巡逻，以防坏人趁灾打劫。

洪水退去后，全村村民部分留在尚未倒塌的几幢砖瓦房中，大部分被安置在北面的上马山和杨龙山大队百姓家中。我们家也是泥墙屋，只因地势相对偏高，墙基比一般人家砌得高出30厘米，泥墙夯筑时（建于1953年）土中拌入了部分砖瓦碎砾，泥墙部分虽没入洪水中20多厘米（当时屋内水深过膝，水退去后父亲用红漆标注的水位为83厘米），但房子未倒。为安全起见，我们全家还是来到父亲的同事汪贤九老师家中寄宿了一晚。8月4日的早餐是汪老师的老母亲（她那时已年过七旬）亲自动手做的：农垦粳米稀饭、腌白菜，外加一盘青椒炒鸡蛋。50年了，这是我吃过的最丰盛的早餐。

面对灭顶之灾，党和政府给予了无尽的关怀，周边村民自愿收留无家可归的村民，热腾腾的饭菜从寿昌镇、杨龙山、上马山、滩下、窑上村送来，公社文书徐树椿叔叔和汪老师等拉着三轮车，送来了大米、蔬菜，使遭灾的人们感受到贴心的温暖。随后迅速展开了有组织的灾后重建，国家给每个倒房的农户拨了一个多立方米的木材（那时候的木材是专控物资），还配套相应的补助资金，村民们有钱出钱，有力出力，亲帮亲，邻帮邻，着力推进住房建设。春节前大部分村民住进了新房，村民们由衷感谢毛主席，感谢共产党。与此同时，着手恢复农业生产，抢修水泵，修复水渠，架设电杆电线。县级有关部门在材料调拨、专业技术人员支援方面给予了大力支持，很快恢复了供电。生产大队在抓建房的同时组织村民抢播了一批速生蔬菜，以及荞麦等晚秋作物，并为来年的农业生产创造了相应的条件。

回顾这段历史，大灾之年没有造成大难，让损失减少到最低程度，谱写了一曲抗灾救灾的赞歌，使人深切感受到党的坚强领导和社会主义制度的无比优越。

又记：8 月 3 日下午，在洪水不断上涨的情况下，伯父吴樟生（那一年他已年近 70）沉着指挥两个儿子，锯断泥墙墙体和木柱子相连的墙扦，将下部已没入水中的泥墙推倒，使木屋架保住不倒，这是古建筑设计上应对频繁洪水的有效措施之一（大大降低灾后复建的成本），至今我还清晰地记得他“下令”推墙的洪亮嗓音；4 日一大早，我的外公周同礼（那年他 71 岁，属虎，年轻时打死过一只老虎）闻讯就从古城山赶来了，一看女儿家房子未倒，松了口气，面对满院子的淤泥，他老人家硬是用一把铁锹，将整个院子厚约 20 多厘米的淤泥一晌午就清除干净！从他身上，我看到了中国农民面对天灾爆发出的抗争力量，这种力量是任何灾难都压不垮的。

一场大水，让我很快长大

□ 吴铁民 口述　沈伟富 整理

我出生在寿昌十八桥村。听大人们说，我们十八桥村就像一条船，两头尖，中间宽，寿昌林场大桥就像一根船缆，把这条船牢牢地系在寿昌江边。寿昌江自西南向东北，从村前流过。因为地势低，我们这条“船”里经常进水。在我的记忆当中，几乎每年都要逃大水，而且大多是在晚上。父亲背着还在睡梦中的我，在水中一摇一晃地逃，所以，从小我对大水就有一种特别的恐惧感。

后来渐渐长大了，稍稍有点懂事，对大水的恐惧反而消减了很多。1972 年，我上小学三年级，暑假里，我和村里的几个小男孩很喜欢到寿昌江里去玩。夏天，江水很浅，小鱼小虾躲在石头或芦根低下，很容易捉，不用多少工夫，就能捉到一碗。最开心的是午后，我们脱了衣裤，到深潭里玩水，一玩就是大半天。8 月 2 日，天阴下来了，好像要下雨的样子。果然，到了晚上，老天真的下起雨来了。我们小孩子不懂事，我们记挂的是河里的小鱼小虾，天一下雨，江里就会涨大水，涨大水就捉不成小鱼小虾了，也玩不成水了。第二天早上起来，雨下得很大，村里有人在喊：

“涨大水了，涨大水了。”我和几个玩伴冒雨到江边去看大水。我们平时捉鱼虾的地方早已被焦黄的大水覆盖了，那个玩水的深潭更是不知藏在哪里。村里的大人都在大喊：“大水快上岸了，我们还是抓紧收拾一下，准备逃大水吧。”但是我们几个小男孩根本不把这话当一回事，还是站在江边，津津有味地看着江里不时漂来的冬瓜南瓜、猫狗鸡鸭。江里的水越涨越高，很快就要漫上公路，这时，我们才知道有危险了，都各自奔回家去。

刚到家，父亲就冲着我喊：“到哪里去了？你不知道涨大水了吗？”这个时候，水已经通过后畈漫到我家门口了。爸爸在门前忙着垒石堵水，姐姐把菜园围墙边上的砖搬过来，父亲用砖在围墙门口砌拦坝。父亲的责骂，我没敢应口，连忙上去帮忙。大概到了中午快 12 点上，水越来越大，越涨越高。这时，一只冬瓜冲到我们跟前，我和姐姐连忙叫喊，父亲说：“快点搬砖，还冬瓜冬瓜呢！”又过了一会儿，一些南瓜及其他东西漂过我家门口，越来越多，父亲还是不让我们去捡。父亲是个教师，平时教育我们做人不能贪小便宜，别人的东西不能要。更何况洪水还在不断地涨，即使这些被水冲到门前来的不知谁家的东西，也不让随便捡。

我们三人的努力，最终还是抵挡不住快速上涨的洪水，父亲说：“算了，我们还是逃吧。”

往哪逃？隔壁大伯家是砖墙，可以抵挡洪水。父亲领着我们往大伯家逃去。这时大伯家里的楼上已经挤满了人，大概有四五十个吧。父亲仔细查看了一下，发现还有我的大姐没在。那个时候，大姐已怀有身孕，这么大的水，她肯定行动不方便。父亲蹚过齐膝深的水，下楼去找。

大伯家边门前是一个长长的十字形弄堂，大水裹挟着各种杂物直往弄堂里挤，只见大姐一手抓住门环，一手从水里捞东西，把冲出来的日常用品拉进房间。

那时，我们村还有很多淳安移民，他们是为建设新安江水电站而暂时迁到我们村的，他们居住的房子全是泥墙，被大水一浸就倒。在我大伯家避难的人当中，也有很多淳安移民，其中有位方有来叔叔，是横山钢铁厂的工人，他力气大，水性也好，大水一来，就忙着把家具搬到我家，最后才把自己的母亲背到我大伯家来。他母亲耳朵不好，听不见人家说什么。她看看这个，看看那个，每个人的脸上都显得很紧张，她也就紧张起来。她逃到我大伯家不久，就看到自己家的房子倒了，她大声地哭了起来：“天哪，这可怎么办呀！我没有房子了……”哭声让一屋子的人心里更难受。紧接着，周围其他泥房也开始陆续倒塌，这里轰的一声，那里轰的一声，倒下的泥墙在水里激起一阵黄泥水，家里的东西也随即被水冲走。谁家的房子倒下，谁家的人就发出一声呼天抢地的哭声。后来，房子倒得太多了，哭声反而少了，最后，全屋子的人一片沉默，什么声音都没有，只有雨声水声和屋子倒下的声音，可能大家都知道，哭已经没有用了。那情景，比有哭声更令人揪心。尤其是父母亲，由于哥哥跟着公社干部在抗洪，谁也不清楚他在哪里。事后才知道，他与公社党委副书记何茂田在一家一家地帮助转移受困群众。

傍晚，雨小下去了，水也开始慢慢退去，父亲还有其他一些大男人都陆续下楼去，各自到自己家里去察看。我家还算好，虽然是泥墙，但还是经受住了考验，只是家里淤泥很深，无法安顿，父亲于是重新回到大伯家来。不久，从卜家蓬方向划来一张张竹筏，后来才听说，是公社副书记何茂田指挥卜家蓬村人扎竹筏救人。我和父母、姐姐一起都被竹筏接到上马山去了，安置在我爸爸的同事汪贤九家里。汪贤九与我父亲都是卜家蓬小学的教师。汪贤九很喜欢喝酒，但那时条件差，喝的酒都是现买现喝，每次也喝得不多。洪水退后，校舍被冲塌，我们便转到卜家蓬小学读书，后升至初中。我在学校读书的时候，给汪贤九买酒的活都是我一人承包的。那时，我每天下课后必须步行到半公里外的卜家蓬代销店买酒，买来后方可用餐。所以，他对我是特别的喜欢。听说大水满到我们村里，他与陈炯老师几次想游泳过来救我，都被人劝阻了。最后，竹筏把大家都接到卜家蓬上马山安顿下来。

我们一家在汪贤九家待了两天还是三天，我已记不得了，反正大水完全退去后，我们就全部回家了。庆幸的是，我家的房子还是没倒。村里没倒的房子已经不多了，除了隔壁大伯家，另外还有七八家，这些没倒的房子，救了村里不少人的命。我的另外一个大伯家的房子，虽然是泥墙房，因为是竖拼的，大水一来，大伯就锯断了所有泥墙与木拼之间的榫头，叫两个儿子，还有另外几个在他家避难的人，每人手中用一根木头，抵住四面的墙，待到墙即将倒下的时候，一起用力往外推。墙倒了，而木拼和屋顶则完好无损地竖在水中，远远看去，就像一座凉亭，这座“凉亭”也救了不少人。另外救了村里人命的，还有我们村里的一些土坟，这些土坟都是以前大户人家的，因为有钱，坟也修得又高又大，大水来了，这些坟成了水中的孤岛，很多来不及逃生的人，都挤到这些坟堆上，大人站在坟边的水里，小孩、妇女站在坟顶，就这样才躲过了这场灾难。

待大水完全退去后，全村人迅速开展自救。先是清理淤泥，收集没被冲走的家具等有用物件。而后，在有关部门的援助下，开始建房子，尤其是横山钢铁厂对我们村的支援很大，他们不仅在刚受灾的时候给我们送过饭，还派人来和我们一起开展救灾，村里人造房子，他们根据政策，无偿为我们提供炉渣。

在抗灾的第一阶段，仅剩的几幢没倒的房子，成了全村人共同的“家”，我家也接收了十四五户、三四十人。厨房共用，一到烧饭时间，大灶小灶一起冒烟，锅盆瓢碗一起合唱，你家吃什么，我家吃什么，相互问着让着吃着，大家相互照顾，相互体谅，关系都十分融洽。最有意思的是，一到晚上，每家的男人都睡到自家的屋基里去看守东西，其他人全都睡在我家的楼板上，我家的楼板成了一张大床，几十个人有横有竖地一起睡在这张大“床”上。

大约过了半年，有些人家的房子造好了，搬回家去了，有些到了第二年春天才搬走。待到全部人都搬进了新房，父亲才动手把已经被水浸坏的墙推倒，重建新房。因为我家的房子没倒，就享受不到相关的待遇，包括横山钢铁厂无偿提供的炉渣，我家建房所用的炉渣都是自己花钱买的。父亲说：“我们家受灾不严重，我是个教师，有工资的，只要大家都有房子住，就好了。”

这场大水，让我很快长大，它让我懂得了很多道理，特别是父亲的那些谆谆教诲：一个人活在世上，不能光为了自己的利益而丢失良心；人在难处，一定要相互体谅，相互理解，相互帮衬，才能共克时艰，战胜一切艰难困苦……

一天两晚的经历

□ 颜亦林 口述　沈伟富 整理

我是温岭人，1954 年 9 月从黄岩农校（现台州农校的前身）毕业后，被分配到寿昌县政府农林科工作，第二年调大同区农业技术推广站担任副站长（站长由区长兼）。当时，我们农技站在大同三村还设了一个分站，作为我们开展具体工作的一个点。

农业工作者，对天气的关心是不言而喻的。1972 年的夏天，天气非常炎热，我差不多每天都要往返于大同和三村之间。进入 8 月，从广播里听说，有台风向浙江沿海袭来。在海边长大的我，对台风是再熟悉不过了。沿海地区，台风一来，基本上就是灾害；而对内陆地区来说，特别是在夏天，有台风就意味着降温、下雨，天会阴凉下来，旱情也会得到缓解，总而言之，好处多于坏处。8 月 2 日下午，盼望着的台风终于到来，天阴凉了，雨也开始有一阵没一阵地下了起来。

到了傍晚，雨就开始大起来了，而且越下越大，大得有点出奇。晚上，我睡在床上，听着外面的雨声，心里一阵紧似一阵，那雨好像就下在我的心上一样。到了晚上 11 点多钟，我再也睡不住了，起来推开窗，见外面的雨就像从天上倒下来一样。

我惦记着三村的农技点，不知道下这么大的雨，会不会有事。于是，就披了件外衣，轻轻地带上房门，走向雨中。

我妻子是大同区卫生院的妇产科医生，我们一家住在卫生院的宿舍里。那时，我已经有两个女儿一个儿子，大女儿 12 岁，二女儿 10 岁，儿子 9 岁。妻子要上班，还要着带三个小孩，很累。为了不影响她的休息，我没有叫醒她，一个人到三村去了。

从大同镇上去往三村，要跨过寿昌江。当时，江上有一座平板水泥桥，只有一米多宽，两边还没有栏杆。因为平时往来惯了，已经非常熟悉，就不管有没有危险，摸索着过了桥。其实，那时的江水已经与桥面差不多平了——事后想想，真有点后怕，要是一失足，后果不堪设想。

我来到三村，敲开生产队长刘金昌的家门。刘金昌披衣起来给我开门，问我，这么迟了，又下这么大的雨，过来干什么？我说，这雨下得太大了，我惦记着我们的农技分站，睡不着，就过来了。刘金昌穿上衣服，准备陪我去农技分站看看。门一开，就感觉不对了，门外全是水，而且水位越来越高，就要满到家里来了。刘金昌叫醒家人，要他们赶快转移。大家七手八脚地搬东西。到了天亮边，东西搬得差不多了，人也转移出去了，我和刘金昌才踩着一尺多深的水，到农技分站去。

农技分站设在三村的大礼堂里。我们去看了一下，觉得还是安全的，就重新返回到刘金昌家里，看看还有没有要搬的东西。

这时，我们好像听到有人在喊：江里的水满都到田里了，郎家那边都进水了。

当地人说，郎家就像是一条船，中间高，两边低。万一水涨到村边，郎家人几乎没地方可逃。我和刘金昌一商量，准备去郎家，帮助他们转移。

我俩一前一后，往郎家方向走去。刚走出家门，只听轰的一声，刘金昌家的房子倒了。我和刘金昌站在水里，呆呆的，半天没有说话。过了好久，刘金昌说，倒都倒了，回去也没有用，好在人和东西都已经转移了，我们去郎家吧。

放眼望去，郎家四周已经一片汪洋。我们来到郎家，帮助村里人往一座小山坡上转移。一直忙到上午11点多钟，眼看雨小了，水好像开始退了下去，我们和村里人才又渐渐地返回村里——郎家没事，一幢房子都没倒。

我在转移过程中丢失了一只凉鞋，村里有个人看我走起路来不方便，就送了我一双凉鞋。这双凉鞋还是前几天刚从供销社买来的，没有穿过，我不好意思要，那人一定要我穿上。可是我连他叫什么名字都不知道。现在想起来，心里都是暖暖的。

由于寿昌江里的水还很大，平板水泥桥还在水下，根本过不了江。那天晚上，我就住在郎家大队的支部书记家里。第二天，也就是8月4日早上，我才过江回到大同镇上。

从8月2日晚上离开家，到8月4日早上回到家，我已经在外待了两个晚上一个白天了。我出门时，没和家里人说，当时又没有办法联系，所以，妻子是不知道我去哪里的。这一天两晚，她肯定在为我担心。可是当我回到大同卫生院宿舍——我的家里时，门紧紧地锁着。有人告诉我，说我老婆昨天下午就带着三个孩子，回寿昌去了。

我一听，急了，昨天那么大的水，他们是怎么去寿昌的？情急之下，我就往车站跑。可是，因为洪水，车站里的车已经停开了。这让我更加焦急。我就步行着往寿昌方向赶。

从大同，经久山湖，往岘岭方向走，一路上看到的全是洪水冲过的痕迹，有倒塌的房子，有冲毁的田塍，公路也是一段一段地被冲塌了。翻过岘岭，所见景象更是惨不忍睹，哪里还分得清村庄、田野还是道路！我不知道妻子他们是怎么走出来的，昨天的水那么大，那是多么危险啊！一路走，一路怕。走了大半天，直到下午，我才走到寿昌。可是，丈母娘家的房子也已经被洪水冲成了一片废墟。好不容易，才在丈母娘家隔壁的一户人家找到我妻子和三个孩子。看到我一身落魄的样子，妻子心疼地问我，这么一天两晚都去了哪里？我说去三村了……虽然不是久别，但都好像经历了生死，有一种劫后余生的感喟，因为我分明看到妻子眼里的泪花。

几天之后，我们全家重新回到大同，我和妻子很快就重新投入到自己的工作中去，在不同的岗位，与当人一起抗灾救灾，孩子们也都上学去了……

关于“八三”洪水的一些情况

□ 张效孟

一、洪水概况

1972年8月3日，寿昌溪溪水泛滥，造成寿昌地区百年未遇的特大洪灾，因而名之为“八三”洪水。

该年7月严重干旱，部分山塘水库都放干了，直到31日人们还在抗旱。8月1日上午下起了毛毛雨，中午以后大到暴雨，一直下到8月3日中午，整整下了两天两夜，降水量之大实属空前。结果山洪暴发，滚滚浊流竟奔寿昌溪，溪水水位急骤上升，本来的涓涓溪流，两日之间竟成了浩浩汤汤的巨川大河，溪满堤决，两岸谷地、畈田尽没水底。洪水侵入寿昌镇内，街上水浅处直可没股，深处噬脐，有的地方甚至可以没顶。西湖南岸之彭头山，有似半岛。登山南瞰河南里，北眺卜家蓬，西睎航头，东望七里岗，但见汪洋一片，烟波浩渺。

洪水狂怒，向人们宣示其淫威，鼓波涌浪，横扫一切。平时的低山矮丘，只剩顶巅露出水面，有如点点岛屿，大树修竹像风中小草，在洪水中仰偃摇动。两日前笑语欢腾的农家村舍，竟尽陷水中，房倒屋塌声隆隆，未全倒的房子，残架支离倾侧水中，还完整的房子，东一幢、西一幢孤独地立在水中。水面上稻草、树木、房架木料、床板、箱柜，夹杂着牲畜尸体，随波逐流，蜂拥而下，真是触目惊心。老、弱、妇、幼丧身洪水的噩耗时有传说，实使闻者酸鼻。检视《寿昌县志》，历史上寿昌灾害如此之大，确属罕见；损失如此惨重，更是空前。

这样的洪水灾害如果发生在解放前，不知有多少人葬身鱼腹？幸存者将何以为生？该有多少人沦为乞丐，流落他乡？大水之后必有凶年，又当有多少人死于疫疠？更不知何年何月灾区才能恢复旧日欢乐富裕的局面？万幸的是，我们有共产党的领导，一方有难，八方支援，上述悲惨局面并未发生，当年晚秋作物还获得了丰收。人们在党和政府的关怀和支援上，很快地重建了家园；而且不少人家的新居，比旧居的数量和质量都有改善。从这一角度看来，水灾不过是分娩前的阵痛而已。不过千万不能忘记，只有在亲爱的妈妈——中国共产党照顾下，她的儿女们才能安全度过阵痛，获得亲吻白胖宝宝的欢乐。

二、水灾损失

洪水造成的损失很大，笔者缺少全面调查。今仅据镇东门居民85岁老人姜德修在镇属9个大队收集的材料，整理统计如下：

（见下页）

大队＼数目＼项目	死亡（人）		房屋（间）						田地（亩）			
	男	女	草屋	平房	楼房	集体	学校	小计	田	地	菜园	小计
山　峰			5.5	118	9	11	7	150.5				
西　门		2						540				46
北　门				25	5			30				
城　中		2						180				30
河　村				5				5				8.7
刘　家			5	160	15	21		201				
河南里			10	108	72	20		210				
大塘边				241	48	98	11	398				
东　门	2	3	10	151		6		167	49.9	10	6	65.9
合　计	9		1881.5						150.6			

死亡的尚有卜家蓬男1人，横钢男1人，共计11人。此外，据寿昌中学地理教师黄良德同志所供材料，摘要如下：

1. 大同镇的胡村源村、航头乡的下湖村的许多田塍冲毁；未收回家的稻草被洪水卷走，未收割的稻子和已插下的晚稻都被埋在泥沙中。

2. 大同镇大同村到久山湖村的河堤被冲开了许多缺口；在徐韩大队的县工作组成员方××（檀村乡上吴方村人）因救人而牺牲，尸体被冲到久山湖溪边搁在芦竹丛中。

3. 大同镇富楼村、石岭村都进了水，石岭老村址所有老屋都进了水，泥墙房屋基本倒光，淹死的小猪躺在路边无人收拾，石岭村的田被冲毁许多。

4. 航头乡吴潭、大山坂、溪沿、航头、卜家蓬的滩下、十八桥村都有房屋、田地被冲毁，甚至有人被淹死。

5. 寿昌区医院后门外樟树边的拦河坝被冲毁；从寿昌江引到大塘边的渠道报废，白岭坑水库所属青龙头水电站（仅次于寿昌东门外）报废。

6. 寿昌南门外公路桥靠镇一边的桥塊被冲毁。

7. 洪水后，寿昌溪脂道普遍抬高，如西门外樟树下，以前是深潭，夏天常常淹死人，洪水后那里晴天可以晒柴火。

三、“八三”洪水形成原因

这次洪水的形成有三大原因：特大降水。地形易汇水。植被遭破坏。

1. 特大降水：据1974年1月编印的《建德县水文资料》记载，1972年8月3日降水超过历年24小时降水量最大值，加上8

月1日、2日两天已连降大到暴雨，加大了寿昌溪流域的地表径流量，以致山洪暴发，溪水猛涨，造成西起劳村、溪口等，东至溪沿、更楼各地的严重洪水灾害。

2. 寿昌溪流域1972年8月3日各水文站降水量与历年最大值比较表（单位：毫米）：

降水量＼时限 站名	24小时		8月3日
	历年最大值	72年最大值	降水量
大坑源	151.3	332.6	364.7
大　同	153.9	218.5	317.1
曲　斗	165.9	278.8	314.7
里洪坑	166.3	297.8	348.7
马江山	163.6	308.8	362.6
上　仓	170.3	317.1	357.5
许　家	156.6	266.9	334.6
上邹坂	178.5	336.5	376.9
源　口	172.4	298.2	337.7
平　均	164.3	303	346.1

建德县年平均降水量约为1500毫米，“八三”洪水期间一次降水，寿昌江流域竟达346.06毫米，约占全年降水23.07%。降水量之大，其来势之猛可以想见。寿昌古话说：“不怕长，只怕狂。”

因为寿昌溪及主要支流河床坡度较大，长期下雨，降水总量虽多，但可顺利流去，并不可怕；但遇狂（暴）雨，必致山洪暴发，溪水猛涨，势必决堤毁岸造成水灾，故而可怕。“八三”洪水造成巨大灾害，就在这个“狂”字上。

3. 地形影响：寿昌江流域仅次于县西南部。它的西、北、南部边沿是我县有名的高山分布地带，既是寿昌溪水系与邻近的其他水系的分水岭，也是我县西南部与之毗邻各县的天然分界线。

寿昌以西，寿昌溪从源头三井尖蜿蜒东流；寿昌以东，溪流折向北偏东在罗桐埠汇入新安江。由于西部地势明显的西高东低，所以溪床坡度很大。三井尖海拔为1231.1米，是我县最高的山头，因而大坑源至长林一段溪床坡度为26.1‰，长林至溪口为5.8‰，溪口至吴潭为4.29‰，吴潭以下坡度转缓仅为1.52‰。

寿昌溪西段，又是主要支流分布区，北来的交溪（大同溪）、曹溪（石屏溪）、周溪（童家溪）都发源于近1000米海拔的高山区。山高溪短坡度更大。南来的小溪（双溪口溪）、西溪（航头溪）、清潭溪（河南里溪）也都发源于海拔几百米的山区，溪床坡度也不小。更由于各大支流间的矮山高丘带近溪床，坡也大，因此，寿昌溪西段干、支流有明显的山涧河流的特点，即比降大、集流快、流速大、水位暴涨暴落，洪峰持续时间短，暴雨时易成灾害。灾害严重地段是溪坡度转小排水较慢的吴潭以下至更楼一段沿溪两岸地方，“八三”洪水的重灾区也正是这些地方。因为这一带排水较慢，再加上公路桥和横钢铁路路基的阻塞，势必使吴潭以下寿昌以上成为泽国，受害最严重。

此外，灾前只准备抗旱，没有准备抗洪，有的山塘水库因山洪暴发堤坝倒塌，有许多水库突击排洪，也是形成特大洪峰的一个原因。

4. 植被不良：据《寿昌县志》记载，这个地区本是松杉满高山、竹桐满矮丘、果树满低坡的好地方。即使所谓荒山，也是灌木丛生，高草茂密。良好的植被形成蓄雨水、防山洪的天然屏障。十分可惜，由于人们胡砍乱伐树木，弄得到处童山濯濯、山光岭秃；特别是陡坡开垦种粮，以致岩石课露，表土松软，大大降低了蓄水拦洪能力，一遇暴雨，70%以上的降水成为地表径流。山洪一发，水、泥、沙、石俱下，不仅大量水水流失，而且淤塞河道，致使排水不畅，结果洪水泛滥成灾。

据源口水文站不完全统计，1971 年泥沙即达 42.6 万吨，以它堆成宽高各 1 米的堤坝，长度可达 24 公里，即从白沙大桥可堆到杨村桥，真是骇人听闻。更可怕的是，据闻情况还在继续恶化，人们担心又一次“八三”洪水，恐非“杞人忧天”。因此，要想减少或避免洪水灾害，必须做好寿昌溪流域的封山育林、绿化造林、合理垦植，搞好水土保持是十二万分的必要。

我所知道的寿昌“八三”洪水

□ 戴荣芳

1972年8月，是寿昌百姓难以忘怀的日子，3日那天的特大洪水，是寿昌置县以来罕见的洪灾。导致这场洪水的原因，与寿昌历史上洪水暴发成因相似。山间溪流本由山水冲刷而成，遇雨成洪，逢旱必干。而江岸的植被是天然蓄水池，调节山间土地干湿度。20世纪五六十年代，群众性的大开荒，毁林改田，山林植被受到严重破坏，本可蓄水的山林土质已失应有的功能。筑坝围田，河中挖砂情况严重，加上无计划地在河边乱建房屋，使寿昌江的河道变浅变窄，河道的堵塞遇雨水流不畅。60年代后期至70年代初，寿昌江流域受台风影响，洪水频发严重损毁河坝，河床受洪水冲击逐年升高，这是导致寿昌江“八三”洪水的历史原因。

1972年7月底，寿昌、大同一带连降暴雨，洪水时猛时缓，水位不见下降。寿昌江两岸的山坡地质，含水量已处于极度饱和，沿江的山塘水库大多是泥坝，多日的暴雨积水，使得有的堤坝灌漏，有的水溢盖顶。太华山、鹅笼山两支山脉水系集结于原长林公社大坑源村，经此汇聚成寿昌溪。10余日连续暴雨，泥石夹水直冲而下，涌入在建中的以泥筑坝的石鼓水库。以泥筑坝是简易山塘水库之工程，仅限于蓄水灌溉并无长远之计，故无法经受多日暴雨侵袭。8 月 3 日 10 时许，随着天崩地裂的巨响，在建中的石鼓水库，终因难以承受山洪的冲击，大坝终被全线冲毁。刹那间，滚滚洪水似蛟龙山涧，从大坑源经石鼓村至夏家直奔长林而下。

洪水由大坑源奔泻而下，在上马与寿昌溪合流。此时长林至大同段，石屏至溪沿段，童家至寿昌段，梅岭至航头段的山塘水坝多数决堤，溪口松江溪、清潭溪水势愈发汹涌。沿江的管村桥村、翁家村、溪口村分别进水，大同公社的三村村被洪水冲毁大批民房，江边的抽水机埠、油坊、米厂被毁，牛栏猪舍冲塌，猪牛等牲畜淹没在滚滚洪涛中。久山湖段，蛟溪的洪水又涌入寿昌江，水势显得愈加凶猛，似脱缰的野马直冲航头公社的吴潭村、溪沿村，吴潭村滩头千树桃园被冲毁，溪沿村浸泡在水泽之中，溪沿供销大批商品物资卷入洪水之中。8 月正是稻收季节，寿昌江两岸的农田中堆的稻草，一堆堆地在洪水中翻动，阻塞了洪水畅流，致使沿江多数村子进水，人员死伤，房屋桥梁倒塌。

寿昌西门一侧周溪堤坝缺口，洪水涌进西门村。3 日 10 时，寿昌城镇全面进水，西门多处房屋冲塌，商店进水，大街水深达 1.5 米以上。被困洪水者以绳引路，以门板作舟，寿昌大街瞬间成了溪流，人们呼喊着往西湖山背、北门太祖岭背逃奔。11 时，洪水淹没寿昌南门广场，洪峰直击寿昌桥，公路淹没在洪水中，交通中断与外界隔绝。从卜蓬公社十八桥村至新安江汪家地段，几乎全成水乡泽国，尤其是十八桥村、寿昌镇、大塘边村、刘家村、淤堨村、张家村、更楼镇是“八三”洪水的重灾区。8 月 3 日，仅几小时，降雨量就达389.7毫米，寿昌江出口处新安江庙嘴头，洪水流量每秒达3160立方米，是寿昌有史以来最大最严重的洪涝灾害。

在寿昌江处寿昌林场段，江面狭窄且河床多积石，十八桥村至林场的桥洞偏小，上游漂来的稻草堵塞了桥洞，林场大桥倒塌。洪水往北狂奔，县农场和十八桥进水，至12时，农场十八桥村如汪洋大海。村民相继向杨弄山、上马山高处逃奔，老人及儿童无力奔逃，就躲避在村东坟墓之上，不停呼叫求救，直至21时，才被商业系统的抗洪人员救出。洪水冲击力极大，十八桥村中的石板桥被掀翻，村北的三里凉亭被冲毁。寿昌林场西侧的窑上村，东边的滩下村，林场场部全都进水一米多。周溪水溢西门殃及小卜蓬村，至一村民死亡。西门村泥墙民宅全部倒塌，人们爬上楼房屋顶呼救。寿昌西湖水没会通桥，有村民跌入西湖中，横山钢铁厂工人涂瑞雄下水救人，不幸遇难，献出年轻的生命。在洪水中救人牺牲的还有王宏柏和县工作组驻大同成员方金土。西湖两侧西门小学进水，寿昌酿造厂酱缸酒坛漂浮水面撞击店面，阻碍镇上逃难人。酿造厂前临西湖民宅全部覆于洪水中，居家财产损失无数。洪水由西向东直冲而来，城中、东门两村多数民房被冲毁，食品仓库西边围墙冲塌，整铁桶的熟油随洪水漂失。东门小石桥被顶翻，东湖被泥石填塞，菜地、桑园淹没，棉棕厂有职工死于洪水，农机厂工人周凤祥妻子邵爱玉淹死洪水中。河南里村受清潭溪和寿昌江水合围，明代贵州按察使李台宅第冲塌，江边古堤坝及南堨冲刷显露原貌，寿昌江河床升高。

2日至3日的特大暴雨，致使寿昌江流域降雨量高达355.3毫米，占全年降雨量的3%，洪峰洪量3160立方/秒，为有史以来寿昌最大的洪水。3 日 14 时，寿昌城全面进水，中山路水深 1 至 2 米，洪水冲击城镇每个角落，居民逃向横山钢铁厂、西湖山背高地，不及逃奔者爬上自家屋顶，呼救声连成一片。上游漂流的房材、家具、农具、牲畜、稻草等被寿昌大桥阻挡，洪水流速降慢冲击力增长，寿昌公路桥北岸路基被冲开 5 米宽缺口。寿昌公路大桥缺口，洪水似脱缰的野马向下游奔泻，大塘边村、刘家村、山峰村、高田畈村、淤堨村、更楼镇相继进水，更楼镇水深达 2 米。洪水从更楼一直淹至金铜铁路，320 国道也被淹没洪水中。更楼镇房屋倒塌严重，不见房屋墙体，只见屋顶在江面摇晃，红庙前的大樟树爬满受灾百姓。

此次暴雨成洪是全县性的，寿昌江流域是重灾区。全县冲毁民房 4255 户，计 11443 间，多数为寿昌一带。淹死 34 人，寿昌占 19 人，被冲失耕牛 7 头、猪 1221 头，被淹稻田 12107 亩，抽水机埠从上马到更楼段全线冲毁，山塘水库亦多半冲毁，损失十分严重。

县委、县政府、寿昌区两委及时组织抗洪队伍，领导冲在抗洪第一线。寿昌公安派出所全所出警，哪里危险就冲向哪里。民警余翔不顾个人安危，在水深水急的地段救人和抢救物资。驻寿昌部队积极参加抗洪，并承担抢修寿昌大桥堤坝缺口工程，仅 3 天即抢修完成。南京军区专机飞往寿昌，空投赈灾物资。

是年 12 月 15 日，实施“七里岗开河工程”，以提升寿昌江泄洪能力。寿昌江流域全民动员，修建山塘水库，筑坝建堤。石鼓水库开展重建工程，以石筑坝增长蓄水功能。由于各级领导的重视，全民防洪抗洪意识增长，自 1972 年 8 月 3 日特大洪水之后，寿昌江流域再未发生过洪灾。

惊心动魄的一天

□ 戴荣芳

一、受命抗洪

1972年8月3日，乌云笼罩着寿昌上空，阴沉得使人感到可怕。雨时大时小地下个不停，寿昌江的水已没过两岸路面。我从寿昌回新安江上班，公路泥泞，车速很慢，约行驶一小时才到新安江。12时我刚吃好中饭从食堂出来，在广场遇见寿昌照相馆的赵雪洪，他气急喘吁吁地对我说："完了，寿昌没了，全被水淹了。"我心有疑惑地问："我10点钟从寿昌来，街上还没水呢，仅个把钟点水就淹城了，你又是怎么来的?"赵雪洪说："是走路来的，公路被淹了，我是沿铁路走的，我还好逃得快，不然就出不来了。"听了赵雪洪这番诉说，我心里很急——千年古城就这样毁了。

在我陷沉思之际，商业局的秘书傅锡盛急呼呼地跑到我面前，以命令式的口气说："赶快去局院子里集合，去寿昌抗洪!"我刚从部队回来，深知灾情就是命令，我二话没说跑步去商业局院子。

大院里早已结集了商业系统的干部职工，局领导向大家通报了寿昌灾情后，挥挥手说马上去寿昌。去寿昌的公路被水淹没，商业系统的抗洪队伍跑步前往白沙大桥的铁路旁，火车早已停在铁路上，我翻身爬入敞篷铁皮车厢。随着一声鸣笛，火车穿过新安江火车站，以最快的速度向寿昌方向飞驰而去。

去寿昌抗洪抢险的人心情十分焦急，手紧抓着铁皮车厢，双眼紧盯着铁路两侧。只见寿昌江洪涛翻滚，汪家至更楼段全淹没在洪水中，水已淹没铁路底基。更楼集镇水没屋顶，仅有楼房屋顶露出水面，屋檐下漂浮物相互撞击，洪浪中又有房屋倒塌，更楼已成一片汪洋。铁皮车厢由车头拖拉着向西南奔去，铁路两旁已难见人迹，大片的良田已成汪洋，寿昌江两岸的村庄多数没入水中。

更楼是重灾区，从更楼向西南而行，高田畈村已消灭无踪，寿昌江拐弯处的山峰村房倒田废，刘氏宗祠险被洪水冲塌，村民逃往后坞和莲谷山中，人畜才幸免于难。莲谷山紧挨青龙山，洪水似盘龙从青龙头环绕青龙山麓，吞没了山峰、刘家、大塘边等村。从寿昌东门的铁路东南至大塘边，东至山峰、刘家、傅家、施家村落全没于洪水之中。金姑山南麓的匹布夫人庙、山门岭脚、大片坡地进水，尤其山门岭脚进水，导致寿昌至新安江公路车辆塞道，前往新安江只能从铁路而行，铁路顿时成为寿昌至新安江的唯一通道。这块土地称白艾畈，此时已化成无际水泽。大塘边村淹没在洪水之中，人往山上逃，房屋倒塌洪水中。说来也怪，洪涛却绕庙而去，也许因是庙前的水渠之故，洪水由水渠直流艾溪，才没淹没匹布夫人庙。

铁皮火车到达寿昌已是下午2点，原因是铁路路基从更楼至寿昌路段浸泡洪水中，火车不敢加速快行。火车没能在寿昌火车站停靠，因寿昌大桥北岸堤坝已被洪水冲垮，进入寿昌的通道完全断截。商业系统的抗洪抢险队伍只有乘铁皮车在艾溪北岸的铁路东门紫竹庵段下车。雨还下个不停，商业系统的抗洪人员冒雨跳下铁皮车，沿铁路路基向北进入寿昌区委大院，向区委报到接受任务。寿昌大街水没人腰，横贯南北的横山钢铁厂的铁路，挡却洪水下泄，洪水在东门卷起滚滚洪涛，拍打着铁路路基，逆流而上反扑寿昌大街。我们蹚水直奔寿昌区委大院，区委领导简单向我们介绍灾情后，将我们分成两组投入抗洪。大街已成河流，商店被洪水冲得面目全非，柜台被掀翻了，商品随洪水漂浮。我们先将贵重商品搬入高处，而后又前往食品仓库。灾情严重，西边土质围墙被水冲垮，大量污物随洪水涌入。仓库铁桶装的中熟猪油全漂浮于水面，每桶足有三四百个。我依扶着油桶，借着水势将油桶推至稳水区。堆积在仓库内的火腿是进不得水的，数千只火腿搬至别处谈何容易，周边不见能挡水的物件，更无沙袋可言，怎么办？唯一的办法就是用衣服挡水，大家迅速脱下上衣，一件一件塞入仓库大门门店缝隙，再用双脚踏住衣物，生怕衣物被洪水冲掉。洪水被挡在火腿仓库门外，火腿保住了，减少了国家损失。8月天气应该是炎热的，下了一星期雨，气温也下降很多，加上脱去外衣浑身雨淋，人已冻得发抖，大家咬着牙坚持着，直到下午水退。人累了，口渴了，那时寿昌还没有自来水，平时喝的全是井水。洪水淹没井水，井水浑浊得与洪水一样。横山钢铁厂里的经销店没被水淹，寿昌镇上的居民早已撤到横山钢铁厂。抗洪的人员随之结集在横钢大食堂，大食堂早已准备好热饭热菜热水，免费供应。商业系统的抗洪人员刚喝了点热水，胡乱地吃上几口热饭菜，在灶台边烘干衣裤，才缓缓地舒了口气，又回到寿昌区委待命。

二、十八桥抢险

寿昌区委发出紧急通知，十八桥村的坟堆上还有数十名人员被困，命令商业系统抗洪抢险人员，火速赶往卜家蓬公社十八桥村救人。

天黑沉沉的，没有一丝亮光。我们从区委大院出发，由北门穿越而过，经西门宋公桥由周溪西岸北行。然后沿杨垅山至上马山麓，摸索着往十八桥村后前行。十八桥村的路边三里凉亭，早被洪水冲塌，进村的唯一地标没有了，我们用粗麻绳打结，连接一条水上手扶桥。被困的十八桥村民，几十个大爷大妈和小孩，呼喊着龟缩在村东的坟堆上。我们手抓绳索深一脚浅一脚地往坟堆走去，远处的呼喊声给我们辨别方向。坟堆似座孤岛，高出水面 2 米，黑暗中看不清坟堆上的人貌，只隐约见有人影晃动，呼喊声不绝于耳。村干部中一位姓邵的同志拉着绳索在前面带路，近坟堆时从洪水中跃上坟堆，迅速将麻绳系在一棵苦楝树上，架起一条长约千米的水上绳桥。被困在坟堆上的全是村东的大爸大妈，还有几个五六岁的儿童。他们见有人前来抢救，不知是心情激动还是求生的本能，杂乱地呼喊着："救救我，快救我！"边喊边挤向我们身旁。经雨水长时浸泡，坟堆泥土松滑，年长者原本双脚无力，一挤一滑又有几个人从坟地上跌落洪水中。那时我刚从部队回来，血气方刚，全不畏惧艰险，拼力从洪水中托起一个老汉，顺手交于同来抗洪抢险的严同志，自己再从洪水中托起一位大爷，拉着绳桥一步步救到上马山麓。

从坟堆到上马山麓，千米洪水汪洋，水深齐胸，水下又是沟沟洼洼，稍不留神双脚失力便会滑入洪水中。我们凭借从上马山和杨垅山坡地照射来的几支微弱的手电筒光，一手抓着麻绳引路，一手托着肩上的被救群众，深一脚浅一脚地前行。蹚着齐胸洪水，肩背年迈老者，凭的全是一股志气。几次来回刚想歇会脚，坟堆上又传来呼救声。此时商业系统的抢救队伍，人人都已感到筋疲力尽挪不动双脚，我没加多想，凭着军人的本色，不顾自己个人安危又冲入洪水中。坟堆上黑沉可怕，看不清人影，我只有朝呼救声爬上坟堆。最后被救出的是一位老太，当时身体不停地在抽搐，恐惧与寒冷系于一身。老太见有人来，立刻喊着“救我，救我”，拼命抓住我的双手，可能是出于求生的本能，老太的手劲特别大，生怕失去我这个救命人。我安慰她，“大妈，别害怕，我这就背你出去。”老太十分感动，声音似乎有些颤抖：“毛主席万岁！共产党万岁！”她舒了口气接着说：“好人自有好报！”我没多说什么，救人要早，背起老太纵身跃入洪水中。我虽已很疲劳，老太的话语却又提起了我的精神，心中自语着：“下定决心，不怕牺牲，排除万难，争取胜利。”一鼓作气把老太背上坡地。坡地上的救援人忙把老太扶到就近人家歇着，老太得救了，我心境一放松人却瘫倒在地，真的实在太累了。我不知道老太是谁，也不去想她是谁，人被救了，脱险了，平安了，无须知道被救的是谁！

从十八桥抗洪抢险回来，我们浑身全都湿漉漉的。此时，我们才感到冷，更感到口渴腹饥。寿昌街上断电没有亮光，更找不到水和食物。于是，我们拖着疲惫的身子，怀着愉快的心情，奔往离城镇三里外的横山钢铁厂，在那里受到厂大食堂的热情接待，真正感受到社会主义大家庭的温暖。

三、水泽东门

寿昌东门地势低洼，8 月 3 日那天，从西门过街的洪水直往东门奔泻，农户家、菜园地和东湖已被洪水连成一片，分不清哪是家，哪是菜园，更不知哪处是东湖。东门的农户、居民在政府的有序疏导下，陆续往北门高处撤离。来不及撤离的群众只有爬上屋顶求救，就在这时，突然听到轰隆一声巨响，寿昌大桥北岸决堤了。刹那间，滚滚的洪水涌向东门，在铁路与东门之间旋转，泥墙房屋顿时倒塌淹没在洪水中，仅留下几处砖墙楼屋。落水者在洪水中挣扎，家禽家畜拼命地随洪水爬上铁路路基。

坐落于东门的东湖，早已被洪水淹没。南门水渠上的石拱桥被洪水掀翻，滚滚巨浪冲塌了宝元庵，由东湖直扑横钢铁路路基。洪水在横钢铁路路基旋转，又回旋到东门，成片民房农舍在轰隆声中相继倒塌。家住东门的农机厂工人周凤祥，一家四口已被围困在自家泥墙屋中。洪水一个劲地上涨，家中进水，家具漂浮，洪水还在涨，房屋在晃动，再不赶紧撤离，全家就会被洪水吞没。周凤祥急忙肩背儿女，手扶妻子邵爱玉，拼力往屋外冲去。周凤祥虽是铁匠出身，但哪里抵挡得住凶猛的洪水的冲击，他几次往屋外冲都未能成功，最后使出浑身气力，才艰难地冲出家门。眼前是滔滔水泽，洪水已把东门淹没，周凤祥被困在危险之中。四处都是齐胸的洪水，深处甚至能淹没全身，东门本是低洼处，此时已成洪水翻滚的深潭。洪水从西边涌来，往西边逃仍会被洪浪击回。周凤祥望了望铁路路基，毅然选择了往东边路基逃去。周凤祥扶妻携女刚冲出家门，又一个洪浪回旋而来，经洪水浸泡多时的泥墙屋，突然轰隆一声倒塌了。墙击洪水掀起数丈高的巨浪。刚往外逃生的周凤祥一家，被巨大的洪水冲击波推倒洪水中，三人在洪水中拼命挣扎，几个浪头袭过，周凤祥的妻子邵爱玉葬身于洪水之中。突然失去亲人的周凤祥呼天天不应，喊地地无声，一时心如刀割，脑门嗡嗡作响。他迅速从背上将女儿放在一块漂浮的木板上，借着洪水的推力，把女儿放在路基高处，哭喊着又扑向洪水中。浑浊的洪水加上诸多漂流物，那里还见着妻子的身影，他一遍遍呼喊“爱玉，爱玉，你在哪！”嗓门喊哑了，双眼也发红了，不停地在洪水中寻找妻子。村里人生怕周凤祥发生意外，硬是把他拉上高处。

洪水渐渐退去，从东湖至青龙头的水渠仍然水溢两岸。未及撤离房顶的人们，小心地扶着屋柱下到地面，清理起淤泥杂物，相互帮衬着整理邻居的家具。周凤祥无心顾及这些，奔向自己的家门，竭力呼喊着妻儿的名字。房前屋后没见着妻儿人影，搬开污泥杂物仍无踪影。再往四周寻找，被污泥杂物覆盖的东门，早已面目全非废墟连片。周凤祥没能找着家人，被兄弟及工友再次劝说，强行拉离东门污泥废墟中，临时安置在兄弟家中居住。

四、抗洪中的商业人

寿昌的那场洪水，现在想起来都有些后怕。雨下了多天了，8月2日寿昌江北水位升高，洪水越过河南江堤，商业系统的生产资料仓库进水，几十吨磷肥泡在洪水中。陈水菊参加了这次抢救磷肥的战斗，把磷肥一袋袋搬往高处。雨下个不停，寿昌江洪水不断上涨，3日早上洪水再次淹没河南江堤，2日已搬至高处的磷肥又浸泡在洪水中。磷肥是泥质化肥，遇水结块就会失去肥效，所以抢运十分紧急。

当时，全镇商业一体管理，称寿昌综合商店。徐日明和郭建璋是综合商店的正、副主任，当即决定每个门市部抽出一人，组成抢运化肥的队伍，在徐日明、郭建坤、徐振华、章凤山等领导带领下赶往河南里。架在寿昌江上的木桥早被洪水冲垮，商业系统一行30余人只有从寿昌大桥绕行前往。生产资料仓库洪水已过膝，磷肥多又泡在洪水中。徐日明高喊了一声："快搬，往寿昌中学山边搬。"

磷肥每包有百来斤，被泡湿后就更重了，而且还外溢着黑水。女同志的头发全被泥质的肥水结成块，大家谁都没顾上这些，心中只想着：快搬，尽最大的努力不给国家带来经济损失。此时洪水还在上涨，当我们搬完最后一袋磷肥时，只听得轰隆一声巨响，化肥仓库西边墙倒塌了。商业系统的人员被巨浪推出数米，一个个手拉着手往南边寿昌中学方向撤。河南里地势较低，江边已成水泽，去镇上的路被淹没了。他们只有从寿昌中学，再穿越杭岭背脚绕道回单位。

陈水菊回到了上班的文具商店，简单地洗了把脸，稍作休息以防洪水再次袭来。约 11 时，我去食堂买了点饭菜，打了一壶开水，因人太累了，吃不下饭。文具商店的老职工章子杨，家住在南门溪旁，此时他说回家去搬东西，叫陈水菊一人在商店守着。那天陈水菊的妹妹刚在寿昌，就叫她帮助章子杨去他家搬东西。约 12 点钟，街上有人在喊：“洪水来了，洪水来了!”陈水菊与已经回商店的章子杨说：“我到江边看看，水若上涨我就回商店抢救商品。”文具商店开在巷口，陈水菊沿解放路至建国路拐弯，然后从江西会馆去寿昌江边。

陈水菊刚走到江西会馆门前，只见在江边看洪水的人喊着：“洪水上来了，洪水上岸了!”边喊边往街上跑。洪水来得十分凶猛，还没等陈水菊反应过来，已涌到她的脚边。商店的商品还没搬呢，陈水菊没作多想，拔脚就往商店跑。洪水滚滚而来，洪浪拍打着她的双脚，她似乎有些站不住了。为使商店的商品少受损失，她拼足气力扶着墙从解放路回到店里。此时，商店中已经进水，都没过膝盖了，章子杨见陈水菊回店，急呼：“快把贵重商品往楼上搬!”

章子杨是老职工，他知道应先搬什么后搬什么，便高声对我说：“先搬账本，再搬贵重商品。”于是，他们迅速从账桌上收拾起所有账本，营业所收的现金，分成两包，一人一包搬到楼上。然后又从柜台、货架收拾起“金果”“幸福”牌金笔，这是商店中最精贵的商品，24 元一支，一个月的工资呢。纸张早已被洪水泡湿，他们捡不湿的先往楼上搬，纸张每卷足有几十斤，怎么也搬不动。陈水菊几次跌倒在洪水中，还喝了几口带臭咸味的泥水，仍然坚持抢救商品。洪水夹着污物在街上横冲直撞，会游泳的男人游水往北门逃。一个巨浪冲进文具商店，柜台被掀翻在洪水中。章子杨招呼说："快逃，你年轻你先逃，再不逃就来不及了。"陈水菊执意着"要逃两人一起逃"。在她的再三催促下，章子杨才答应一起逃。陈水菊想关上店门，洪水的冲击力使店门已无法关上。他俩艰难地往文化馆方向逃，洪水已没过胸部，几次被洪水掀没水中。至文化馆旁的低洼地，陈水菊一滑，整个人被淹没了。16时，寿昌公安派出所的警察余翔和刘正权，手中牵着一根粗麻绳，站在文化馆西边的万松巷口，高声向我们呼喊："往这边跑!"他们没法过去，在水中挣扎着。余翔赶忙游了过来，一手将陈水菊拉向万松巷口，叫她顺万松巷往城北高处逃。陈水菊手拉绳子往城北而去，余翔又回转去救章子杨了。

他俩拉着麻绳，沿万松巷北撤，再沿太祖岭背前往西湖山背，在横钢招待所歇脚。招待所的工作人员见他俩浑身泥水，衣裤全湿秀了，便端姜汤给他们喝，随后又送来热饭菜。他俩站在西湖山背，看到大街上已可行舟，西门多数房屋倒塌，原先美丽的村景消失在滚滚洪涛之中。古城寿昌唯一留存的西门古城门，也被洪水冲击得荡然无存。西湖边的垂柳被连根拔起，堵塞了西湖桥洞泄洪，水涌至寿昌酒厂大门，周边民房倒塌，梁柱随洪水漂荡直冲大街。

五、漂浮的客车

寿昌汽车站位于寿昌江之北小水渠之南，与寿昌江只有数米宽的寿同公司之隔。连下了几天的雨，堤岸时与寿昌江水相平，时而又越过堤坝公路，流入寿昌汽车站内。当时的客车不多，候车最短也须半小时，还不一定能买上车票挤上车。站外雨大，候车人只有挤缩在窄小的车站内。8 月 3 日的早上，车站内洪水已没脚背，候车人心中慌张地盼客车早点到站，就可以乘车逃往新安江。此时的车站内人头挤挨，杂乱的叫喊声塞满窄小的空间，人心惶惶。

时约 11 点多，突然车站外有人喊叫：“洪水上岸了，快跑啊!”喊声中那些在公路看洪水的人，有的往大街奔跑，有的就近挤进车站中，候车室显得越发挤了。哪知洪水来得那么迅速凶猛，涌进候车室东侧的小副食店，漩个卷儿直扑候车室。候车室里的人被洪水前后夹攻，向南跑那是寿昌江，必死无疑，向北撤是停车场，四周都是围墙出不去。洪水分秒在涨，人心极度恐慌。

站旁的小副食品店，虽有三个台阶比车站稍高些，但洪水已涌入小店，柜台、货架被洪水冲得摇摇晃晃。店内只有一个年近六旬的女营业员，她叫诸葛冬娥，身旁还有一男一女两个小孩，是她的孙子李忆舫和孙女李迎春，放暑假正在她那儿玩。诸葛冬娥见洪水向小店扑来，再不跑是来不及了。她呼喊着：“救救我的孙子孙女，我年纪大了，他们还小，救救他们!”候车室里的后生，汽车站工作人员迅速赶来，将两个小孩抱进了候车室。

此时，汽车站洪水已齐膝。车站的老魏站长极有责任感，上午他先把旅客安排撤离，站内的工作人员迟后再撤。这是最后一班客车，站内的工作人员依次上车。人还没上几个，客车就被洪浪冲击，开始在洪水中飘摇。这时，洪水已齐胸，客车完全浮了起来。寿昌汽车站洪水没窗，被洪水死死困住，车里人喊声一片，情况十分危急。

汽车站的领导看见险情，果断作了安排，用粗麻绳扎在停车场的水泥梁上。然后先旅客后车站工作人员，依次从洪水中爬到客车顶上，再一个个手拉麻绳往停车篷顶爬，诸葛冬娥的孙子孙女还是小孩，李忆舫 13 岁，李迎春才 3 岁，他俩年纪虽小，但挺胆大勇敢，一没叫喊更没有哭，在车站人员的指挥下往篷顶攀爬。13 岁的李忆舫尽力护着 3 岁的妹妹李迎春，让她先拉着麻绳往篷顶上爬。李迎春人小力薄，勾不着麻绳，也无力攀爬。

客车在洪水中摇动得愈发厉害，恰似一叶小舟在汪洋中荡漾，随时都可能翻倒。李忆舫勾拉着麻绳爬上了篷顶，李迎春由车站工作人员抱着也登上了篷顶。车站内已空无人影，几十人趴在篷顶，洪水是浸泡不着了，但篷顶一直在晃动，看似安全也并不安全。正当大家惶惶不安之际，突然轰隆一声，汽车站靠北小水渠边的围墙塌了，洪水顿时涌向汽车站内。洪水的冲击波使停车篷又增加了危险，车站领导招呼着大家：别慌乱，镇定！说着打捞起被洪水冲来的几块门板，刚想指挥大家趴向门板逃生，又听到“轰隆”一声巨响，车站东边的围墙也倒塌了。汽车站内的洪水从东边决口奔泻而出，站内水位渐渐下降，停车篷顶的人才暂时有了安全。

汽车站北边的小水渠被污泥堵塞，发出阵阵恶臭。两天后，人们在靠汽车东站边的水渠里，在一堆砖泥下，发现一双光脚板，挖开后是具男尸，是从小卜家村冲来，被倒塌围墙压在了砖泥之下。

六、桥上打捞人

8月3日11时，寿昌江洪水已淹没两岸公路，寿昌大桥北端泥坝渐已渗水，洪水冲刷泥坝外侧垒石缝隙。上游被洪水冲毁的房屋、良田、梁柱、农具、家具、牲畜，随洪水相互撞击着，横冲直撞漂流而下。刚收割的稻谷稻草堆在田中尚未清理，被洪水卷入寿昌江，霎时间江面显得杂乱不堪。

江面的漂浮物引起两岸群众的关注，有人叹息着：唉！老天作孽人遭殃啊。贪心的人壮着胆在江边打捞漂流物占为己有，更多的则是在抗洪救灾，小心打捞起漂流物堆放高处，待洪水退却，让受灾人家认领自家财产。寿昌江两岸有爱心的人皆有此举，有的从洪水背出生猪，有的捞起木箱菜橱等物，后终因洪水来得过猛才作罢。

约近12时，洪水的水位已渐与寿昌大桥平。洪水与桥面齐平是上游漂流物堆积，尤其是从农田中冲出的稻草堵塞了大桥涵洞，漂流物全堆集在寿昌大桥上游。居住在南岸的城中村百姓，以及铁路西侧山坡上的居民，自愿集结到寿昌大桥上，冒险打捞起江中漂浮物。这群打捞人中有党员干部，有单位职工，有居民和社员，是无人发动的义务抗洪打捞队。打捞起的财物全堆集在桥南岸的公路段围墙内，并分类小心堆放，派人负责看守，待灾后由受灾人家自己认领。

洪水分秒增高，漂流物层层增多，在寿昌大桥上方堆积成山。义务打捞队的人员，冒着雨淋浪打，用双手打捞着洪水中漂来的物件。大家小心拼力地打捞着，洪流的浮物不时撞击着打捞人的身体，但没听见有人喊疼。突然间听到嘭的一声响，一只崭新的樟木箱，重重地撞击在大桥栏杆上，顷刻间樟木箱被撞得四分五裂。樟木箱中装的是五彩缤纷的女人新衣，该是新娘的嫁妆。木箱中衣物随撞击声被抛向高空，瞬间又似天女散花，落在浑浊的洪水中。义务打捞队不顾个人安危，趴在大桥栏杆上，尽力打捞着从上游漂浮来的木料和牲畜。尤其是寿昌公路段的干部职工，显得格外勇敢，领头的还边打捞边高声喊着："小心点，注意安全，当心木头撞来!"洪水浪急声高，打捞人根本听不清，只顾低着头一个劲地在打捞。

雨大浪急，寿昌南门广场已被淹没，东边的小石桥掀了个底朝天，义务打捞队处在危险之中。突然间又一声巨响，义务打捞队中有人在高喊："快跑！决堤了。"大家还没搞清是怎么一回事，又听到几声巨响，只见寿昌大桥北端桥基与路基结合处，已撕开一个大口子，足有5米之宽。上游的水冲出决口经宝元庵，过东湖直泄而下，东门至桑园一带似若汪洋。寿昌大桥北端路基决口，原因在于路基与桥基结合部没有钢筋水泥，路基与桥基完全不相粘合。路基是石壳泥心，也就是石包泥结构，在夯实的泥坝两侧包以硬石，而且石与石之间的缝隙没有用水泥浆砌，石与石之间又互不相粘。洪水冲击石缝，洗刷着泥心坝体，也就是灌漏，洪水久刷坝体导致路基决口。决口的洪水向东北直贯而下，寿昌江大桥水位速降一米，上游的漂流物已无法打捞。义务打捞队将打捞上来的牲畜、家具、农具、房梁屋柱搬入桥南公路段院内，按类堆放，盖上油毡，然后将打捞情况报告寿昌区委，并将打捞之物归还受灾人。

两枚“八三”洪水“纪念章”

□ 朱平章

有一条新安江啊
碧蓝蓝真好看
有一个月亮岛啊
飘浮在水上面
……

每当电视台播放《月亮岛》这首歌的时候，那柔美的旋律，那清丽的歌词，加上月亮岛风姿绰约的靓影，总要让我思绪纷乱，感慨万千，久久挥之不去。

是呀，月亮岛美得让游客们常常驻足凝视，流连忘返；美得让候鸟们错把这里当成永久的家，再也不愿寒来暑往地迁徙；美得如建德旅游胜地上的一颗璀璨明珠。

但是，年轻人可能有所不知，月亮岛原是由一场灾难所衍生，是深深铭刻在建德大地上的伤疤……

时间过去快50年了。

1972年8月2日，一场百年不遇的特大暴雨袭击了大同、寿昌、更楼一带。8月3日，寿昌江出现特大洪峰，江水暴涨上岸，大街上水深2米；大批建筑物、水利设施和农田被摧毁，大量人畜被淹殁；灾民们，年轻力壮的逃往远处高山；拖儿带女和年老体弱的只好听天由命地就近爬到西湖山背……

这就是史称的“八三”洪水！

那时候，新安江上并没有月亮岛，就是因为这场特大洪灾造就了它！

“八三”洪水将寿昌江两岸的树木、倒塌的房屋构件等大量漂浮物以及泥沙冲了下来，到了与新安江交汇处的庙嘴头附近，又被电站大坝泄下的急流挤推到靠南一侧。那些漂浮物和泥沙，受到挤推阻挡，纷纷沉积下来，成了一块由沙石、瓦砾、杂物堆砌而成的“岛礁”。那些被冲下的活树，倒卧在水里，只留下条条枝干艰难地伸出水面，而它的主干，却被泥沙覆盖。几经岁月，树干渐渐腐烂，成了树枝的养料，终于“子承母命”，倔强地成长起来。如今月亮岛上的参天大树是由枝丫发育而长大，非人工栽培。

月亮岛是“八三”洪水的产儿和见证，更像是上帝授予建德的一枚“纪念章”，值得建德人民永远深深铭记！

记得“八三”洪水退却后的第二天，县委和县政府即刻动员全体机关干部奔赴第一线，投入到抗洪救灾中。当年我就职于县广播站，我和我的同事也受命去了寿昌区采访了解灾情。我们目击之处，真是千疮百孔、散乱凄凉：大街上，店堂内，堆积着半尺多厚的污泥；倒卧的电线杆和连根拔起的树木，横七竖八地和许多破散、裹满泥浆的家具物件混杂在一起……

我们来到寿昌江边，放眼望去，更是一派破败景象：那条稳固江中的千年堰坝，也只剩下几块乱石；那些供居民挑水洗衣的护岸埠头，已被摧毁殆尽；岸边除了大量的垃圾，就是漂浮在水面的动物尸体，鼻子再不灵也能闻到阵阵恶臭。

我找到一处略为“干净”的地方，下河洗了洗身上的泥浆，并用随身毛巾擦了擦身子。回来后，身上竟然起了许多红疹，奇痒难忍。后来竟演变成溃疡脓包，几经治疗，才得以痊愈。如今我的左小腿和右腰部，还存留着两块疤痕，这是“八三”洪水留给我个人的“纪念章”。

“八三”洪水过后，寿昌江从此成了一条名副其实的“小黄河”。它泄下的黄泥浊水与清澈的新安江水汇合后，一起向东奔腾而去，成了两股泾渭分明的水流，有人戏称为“同流不合污”。

我从小喝着寿昌江里的水长大。70多年前，这里水质清澈甜润，居民可以直接挑水饮用；南北两岸除了一条简易板桥，还有木船摆渡，方便来往；几条古筑拦河堰坝，叉分出条条小渠，自流灌溉着两岸的农田菜地；江中川流不息的竹排木筏，装运着各种土特产和南北杂货，往返于大同、寿昌、更楼；寿昌江与新安江汇合后，溯流而上可达罗桐埠、淳安、徽州，顺流而下可去梅城、桐庐、富阳、杭州；从梅城严东关溯兰江而上，可通兰溪、金华。寿昌江是当时对外物流交往的主要航道。

当时江里的渔业资源也很丰富。我就亲眼见到有人用土制的轮盘钓竿钓起10多斤重的大鲤鱼；我还见过鱼鹰“扎猛子”抓鱼的情景；每到夜晚，江面上还有点点渔火在闪动，当地有些居民便以打鱼为生。

沿江两岸筑有许多石砌埠头，既用于船只和竹排泊位，装卸货物，更是当家女人们的“广阔天地”。俗话说，男人的茶馆，女人的溪滩。每到清晨或傍晚，女人们便会三三两两聚集在此洗洗涮涮。家长里短聊天，喜怒哀乐倾诉，是这里的主旋律。这里绝不缺乏“长安一片月，万户捣衣声”的意境。

最开心的要数我们这帮淘气的孩子了。每到夏日，一个个像泥鳅似的钻进江里嬉水，就像投进了妈妈的怀抱。我们一会儿扎猛子，一会儿打水仗，放纵得忘乎所以。我们正在兴头上，河里的那些小鱼小虾闻声便会围过来捉弄我们，一会儿啄我们的小屁屁，一会儿叼我们的小鸡鸡。它们把我们惹毛了，大家就会一齐来个抓鱼比赛……

像这些场景，如今只有在我的梦境中才能再现了。

寿昌江，寿昌人的母亲河，亘古以来，用她甜美的乳汁养育了多少两岸的人民！

然而，从1958年开始，寿昌江就开始衰败了。

众所周知，寿昌江的衰败，应归咎于那场轰轰烈烈的全民大炼钢铁运动。那时，在上级的号召下，大家把大批砍伐来的木材，统统填进小高炉里焚烧“炼铁”。后来又经历了三年困难时期以及“十年动乱”，寿昌江上游的林木又再三惨遭砍伐，林地变成了粮地，谓之“种百斤粮”。有的地方甚至被削得寸草不留。寿昌江南岸的山坡上，草皮也被铲得精光，即使一只老鼠窜过，也能看得清清楚楚。我家江对面有座狮子山，“狮头”周围原来荆棘丛丛、灌木郁郁，犹如它的毛发；山体有个凹坑，就像狮子的大口，在仰天长啸，谁见了都会说“太像了”。后来狮头上的毛发全被剃了，山体只留下那个凹口，谁见了都感到窝心。

因为大量的泥石填进江里，河床抬升，江水容量锐减，从此，一到枯水期，河床就会暴露。镇上的一些居民便纷纷拿起工具，去挖沙卖钱，补贴家用。他们将筛选出的沙子运走，把大大小小的鹅卵石堆在一起，留在了河床上。如果站在江岸一眼望去，高的像坟堆，低的如水塘，实在不堪入目。

从 1958 年开始，经过十七八年的折腾，生态环境遭到一而再再而三的严重破坏，从此，水旱两灾频频光顾，寿昌江元气大伤，从此一蹶不振，成了寿昌百姓的伤心之地。

“八三”洪水留给我们的记忆实在太多，教训何其深刻！我想，凡是亲历过那场灾难的人，都和我一样，也会有一枚“纪念章”，或残留身上，或深藏心底！

前事不忘，后事之师。历史的惨痛教训，应该警钟长鸣！这几年，各级党组织和政府都重视了环境保护和生态文明建设。特别是通过学习贯彻习近平总书记有关“绿水青山就是金山银山”的论述，并经过“五水共治”，寿昌江上游的高山已被浓荫覆盖，缓坡重新披上绿装；沿江两岸还修筑起防护堤；从支流到干渠，进行了全面的疏浚和治理；一些古时建造的堰坝得以修复并新建了橡皮堰坝，用于控制调节寿昌江的流量，江水从此变得温顺舒缓；水体恢复清澈后，水生动物也应运繁衍，沿江还能偶见爱好者垂纶施钓……这一切，似乎让我们预感到新的希望——寿昌江还会变得像从前那样美丽吗？

淤堨大队在“八三”洪水抗洪救灾中

□陈　晔

灾情惊动党中央　上级关怀暖人心

1972年8月5日10时许，多架次南京军区直升机飞临建德县寿昌江下游沿江十八桥、寿昌镇城区、淤堨、张家、下徐、更楼底、新市、黄泥墩等受洪灾严重的大队上空。其中有一架次飞抵淤堨村，先是在低空盘旋，后在多处较为平坦且积水较少的地方，如第五、八、九生产队连片晒场等处，空投救灾物资及慰问信。听到“隆隆”的马达声和有螺旋桨叶片的“呼呼”声的群众纷纷赶来，先是仰头观望从未见过的直升机，后见空投物品，都抢着将救灾物资归置一处：将饼干按人口分发到各生产队社员家庭，医用急救包存放在大队合作医疗站。识字的干部社员眼里噙着激动的泪水当场一字一句地大声念了起来，周围围上了许多群众在静静地聆听。念完后，现场社员群众热泪盈眶，万分激动，高呼“伟大领袖毛主席万岁！”“伟大的中国共产党万岁！”

8月5日以后的数天内，中共浙江省、省军区、杭州市委、建德县委等上级领导在更楼公社党政领导的陪同下，陆续到淤堨等受灾大队，了解灾情，慰问受灾社员群众。他们听取汇报，深入社员家里，察看房屋倒塌情况，询问灾情，了解吃、住安排，给受灾群众以极大的安慰与鼓励。

同日，公社联队干部，大队干部组成几个小组，挨家挨户详细察看登记灾后损失，及时上报灾情。不几天，建房救助款、生活救助款就下拨到户：房屋全倒户每户发放建房救助款生活救助款120元，自费购买平价杉木（搭配少量松木）1立方米。杉木每立方30余元，松木40余元。三间房倒塌了一间的半倒户按全倒户的七折救助。现役军人家属蔡有生，原住柴棚屋被洪水全冲塌，家庭缺乏重建能力，享受建房补助款与生活救济款300元，自费可购买平价杉（松）木1.5立方米。蔡有生签字领款时，感动得哽咽着说不出一句感谢的话来。凡灶头倒塌的每只灶头补贴4—5元，当时市场上猪肉价是6角6分钱一斤，一包大红鹰牌香烟1角3分，高档点的新安江牌香烟是2角4分钱一包。泥、木工师傅是每工1元5角5分。这区区的几十、几百元钱在今天看来微不足道，但在当时的生活条件、物价水平来看，又在大灾之后，确是雪中送炭暖人心啊！

夜半动员会　灾情如军情

8月2日晚10时半左右，更楼公社接到建德县委广播紧急通知，即于晚11时召开公社党委全体干部扩大会议，会议由公社党委书记方金财主持，公社社长沈芳贤、党委副书记徐秋菊、党委组织委员胡光耀等公社领导以及公社所有部门干部、农技员张银根等悉数参加。方金财书记传达了建德县委关于“紧急行动起来，做好抗洪抢险工作”的指示精神，并在会上通报了汛情：寿昌江上游大同一带，由于受7号台风影响，连日暴雨，流域内山塘水库蓄水量已达最高警戒水位，已开启溢洪道泄洪，且有不少山塘出现管涌、水坝出现崩塌的险情，并据县气象部门预报，今晚继续有特大暴雨，寿昌江下游极有可能出现特大洪水。要求全体干部迅速分头下大队，协助沿江各大队干部动员组织群众，做好各项抗洪应急工作，保护集体财产不受损失，保障社员群众生命安全。会后，全体干部立即按照党委安排，纷纷奔赴沿江各大队开展工作。

广场晒谷　不是传说

8月1日前刚收割的早稻谷，由于连日大雨，8月3日又因洪水漫进村里，造成多所生产队仓库倒塌被淹埋，这些泥浆谷因堆放多日，加上盛夏气温高，大多已出现发热发芽甚至霉变，急需摊晒。从8月4日起，天气开始放晴，衢化石马石矿、建德（五里源）水泥厂闻讯后，连续数日将运矿石的翻斗车开来淤埸、张家等大队将湿谷运回厂矿，用排风扇、鼓风机吹，用转窑烘烤吹干烘干的稻谷再送回各大队。更楼化工厂则腾出材料棚，将运来的湿谷摊开用排风扇、鼓风机吹，又让出篮球场晒湿谷。

沿寿昌江下游的淤埸、张家、更楼、新市、黄泥墩等受洪灾大队还纷纷将湿谷运往新安江街道上去晒，从滨江饭店到新安江广场，直至县委县政府大门口，几乎所有较为宽阔的大街小巷都晒满稻谷，早上摊晒，傍晚收拢时，机关单位工作人员、商店营业员、街道居民，老老少少都会不约而同赶来帮忙。各生产队派去的晒谷社员，反倒成了“晒谷指挥员”，他们只需负责区别各队稻谷，以防混错。装袋的稻谷就近堆放在店堂内，饭店（招待所）门厅内、居民家里，无须安排社员值夜看管。晒谷社员饿了，到招待所、饭店吃肉包，工作人员会热情拒收钱，“晒谷指挥员”们一日三餐有机关食堂招待，一概免费。每当谈起当年晒谷的故事，老人们脸上都会绽露出欣喜的笑容。

生产队将湿谷堆放在公路旁，有车往新安江方向只要举手一招，无论客车货车或是小轿车都会立马停车，司机乘客都会主动挪开座位下车帮忙社员将湿谷扛抬上车，向新安江方向疾驶而去。当年晒谷的社员，一脸自豪地戏称自己是“我也当过几天戴笠帽的交警”！

关于晒干后的泥谷、碎谷、发芽谷的处理，有两种说法：一是说粮食部门为帮助灾民降低稻谷收购标准，全部按好谷价格收购，一部分抵交农业税、余粮，一部分国家贴钱用作饲料；另一种说法是新安江粮管所有专门处理次谷的设备，可免费将受灾生产队稻谷里的碎谷、沙石、泥浆谷、发芽谷剔除干净，由各生产队运回做饲料，好谷用来交农业税、余粮，灾后国家再根据社员缺粮情况发放返销粮。

邻里互助　重建新居

吃住是灾民的头等生计。8 月 4 日，洪水已退，天还未亮，更楼化工厂食堂已将连夜蒸制的发糕、面包以及什锦菜、酱菜等，用车子送到淤堨。傍晚衢化石马石矿、建德水泥厂、新安江水泥制品厂等厂矿企业以及不少机关单位食堂纷纷将热气腾腾的饭菜、肉包分头送到沿江各受洪灾的大队田头地角、村中倒塌房子的地方，凡有亲友在淤堨受灾的，一早就肩扛大米、手提装满油盐蔬菜来慰问。

当年，住房宽敞的家庭不多，但都纷纷主动邀请亲友邻居住进家里，不少社员家里楼上楼下打地铺，住满了人。在屋檐下，角角落落用砖头搭着简易灶头，有的一台灶头多家合用，你家烧好我家烧，炊烟不断。有的几家亲友干脆吃起了大锅饭，狭小的房子里锅碗瓢盆相碰的叮当声，小孩追闹声，大人们的说笑声，奏出了一支患难真情感人的交响曲。8 月，正值学校暑期，大队中心小学里就住了几十户灾民，几块砖头一垒叠，架上一口锅就是简易灶头。一到用餐时好不热闹，全然没有患难中的悲悲戚戚。

修复农田、复耕抢种基本结束后，倒塌户择地建房提上日程，公社党委、大队党支部从实际出发，允许受灾户自选村周围地势较高的山垅、低坡重建住房。各生产队让出地块支持重建。不出两年，倒房户几乎全部完成重建。于是，在淤堨村周边就形成了火炉山、破塘湾、黄泥垅口、上坞岭、三坑源口、桥头垅等零星居民点。他们星星点点散布在村周围，拱卫着主村，在绿树掩映中成了一道别样的景致。

在重建住房中，特别值得称道的是，除泥木工师傅开工资外，其他帮手、小工等都由亲朋好友街坊邻里无偿做义务工。他们抽的是 1 角 3 分钱 1 包的大红鹰牌香烟，喝的是几角钱 1 斤的配置

（勾兑）白酒，鱼肉荤腥难得上桌，不少建房户家中没有强劳力，全靠亲友邻里帮忙。有的青壮年，一年中几乎大部分时间在外帮助灾民建房，帮了这家帮那家。有在厂矿企业当工人的受灾户，重建住房时，工厂车间的工友会调班安排好生产任务，利用休息时带着饭菜来帮工。像笔者这样的家庭，在外教书，不但抽不出时间回家建房，即使有时间，肩不能扛，手不能提，上是 80 岁的老父，下是 8 岁的孩子，妻子还要烧一日三餐。建房完全靠亲友邻里帮忙，至今每想起建房往事，不禁老泪盈眶，我们的亲友多好啊，我们的民族真是仁义的民族啊！

八方支援　复耕抢种

8 月 4 日洪水退后，重砌防洪大塳堤坝，修复农田，抢收早稻，抢种秋作物，成为灾后工作的重中之重。

灾后十几天时间里，附近大队社员牵着耕牛，扛着犁耙，挑着畚箕，背着锄头支援来了；更楼公社辖区内工矿企业工人老大哥肩扛铁锹，自带着午饭支援来了，驻建部队官兵带着工具和中餐支援来了，县内下涯公社、千鹤公社的农民远道赶来了……一连多日，前来支援的各路人马有近百人之多！公社机关企事业单位捐献的救灾款、夏秋衣裤，也陆续送来了。

在八方的大力支援下，经过大队全体社员奋力拼搏，冲毁的大塳坝决口重新修复了，被洪水泥沙掩埋的早稻也抢收冲洗起来了，被毁的农田也基本修复了，以玉米为主的秋作物也抢种下去了。众志成城，共克时艰，一场百年不遇的洪灾被战胜了。

干部奉公　社员守法

“八三”洪灾时，淤埸大队党支部书记为何显仁，副书记兼革委会主任为郑永华，革委会副主任为吕金生、蔡顺樟，妇女主任为郑雪花，公社驻队干部为胡光耀，县委工作组驻队干部为方长才等。在整个抗洪抢险、救灾济困、复耕抢种、抢修堤坝期间，驻队干部与群众同吃同住，带领全体大队干部与生产队长，深入抢险第一线，不辞辛劳地为灾民和广大社员群众服务，大队干部与生产队长不记一分额外工分，不拿一分额外津贴，不多占一份救助物资，事事处处为灾民和广大社员着想，深得社员群众的普遍赞许。

在灾情期间，淤埸大队没有发生过一起集体或社员财物被盗窃或被人为损坏的事件。没有一户外出逃荒要饭，没有一人外出流浪，社会秩序稳定，社员安居乐业。

附：省委、省革委会慰问信

慰问信

贫下中农、社员群众和干部同志们：

省委、省革委会得悉你们因台风暴雨，遭到了严重的自然灾害，对此十分关切，向灾区的贫下中农、社员群众和干部，表示亲切的慰问。

在抗洪斗争中，你们遵照毛主席“下定决心，不怕牺牲，排除万难，去争取胜利”的教导，不畏狂风暴雨，以战斗的姿态，同自然灾害作斗争，这种精神是值得学习与发扬的。

在毛主席革命路线指引下，全国、全省形势一片大好。你们那里虽因洪水灾害遇到暂时困难，但我们相信，只要坚持无产阶级政治挂帅，以路线斗争为纲，学习南堡大队战胜洪灾的精神，自力更生，艰苦奋斗，一定能取得抗洪救灾的胜利。

在伟大领袖毛主席和中国共产党的领导下，“团结起来，争取更大的胜利。”

中共浙江省委

浙江省革命委员会

一九七二年八月四日

（按：慰问信原件为村民徐志生收藏）

缅怀为护桥而殉职的邵樟生

□陈　晔

受太平洋 7 号台风的影响，从 8 月 1 日起，寿昌江流域如注的大雨已连续下了整整一天多了。

2 日傍午，雨还在瓢泼似地下个不停。淤堨村摆渡人邵樟生，凭借多年撑竹排摆村渡的经验判断，寿昌江又要暴发洪水了。刚吃完中饭，邵樟生将 4 个儿子邵渭明、邵渭权、邵渭荣、邵渭全叫拢来，嘱咐他们："要涨大水了，你们赶紧去将铁索拉上桥，用棕绳把桥板、桥搭、桥脚穿好捆扎牢，再穿进铁索环形孔中缚紧。记住，总共 24 节桥板，东头 13 块（节）相连，西头 11 块（节）相连。万一洪水冲塌木桥，铁索就会将塌倒成两段的桥随洪水拉到两岸，桥不会受损失。"大儿子邵渭明应声说："我们拉过多少回了，晓得了。"语气中不免嫌爸爸啰嗦。邵樟生再叮咛一句："上桥要当心，溪水蛮大了。"淤堨人习惯将寿昌江流经淤堨地界的这段，叫作淤堨溪或淤堨潭。儿子们"嗯"了一声，准备出发了。邵樟生自言自语地说了一句："我到西瓜田里去看看，那里地势低，一定进水了。"邵樟生在生产队里负责管理、看护西瓜，他两头都放心不下。

夏季昼长，傍晚 7 点多，天还未暗。忙完瓜田排水的邵樟生，回到家顾不得换下湿衣服，匆匆吃了晚饭，就穿上蓑衣，戴上笠帽，脚穿雨靴，右手拿着一根头上带铁钩的长竹竿，左手提着一盏马灯，出发查看水情了。到溪边一看，洪水快涨到平桥板了。洪水裹挟着断树残枝、柴草、家具、死猪，咆哮着、翻卷着浪花滚滚而来。邵樟生将马灯捻亮，放在东头凉亭外的第一节石阶上，然后戴正笠帽，将身上的蓑衣带子缚牢，准备上桥了。

其实，面对汹涌的水势，他可以不上桥。4 个儿子早已将桥两端系在埠头石柱上各有 500 来斤的铁索拉上桥，棕绳也早已捆扎停当。即使桥被洪水冲塌，桥的三个构件桥板、桥脚、桥搭一件也不会损失。然而，我们的邵樟生，还是毅然决然地要迈上摇摇欲坠的木桥了。

当时，桥头凉亭里，溪沿高处，站着许多村民在看大水。淤堨人自古沿溪而居，春夏涨水，洪水冲塌木桥，早已司空见惯，溪里涨大水倒成了一道景观了。但看到邵樟生要上桥捞拨大水污［寿昌一带人把缠绕在桥脚（墩）上的残枝烂草等阻挡水流的污物称作大水污］，心里都急了：“水正涨，桥马上要倒了，危险!”“你 4 个儿子早把桥索缚好了，用不着上桥了。”有的劝他：“桥倒了也不会有损失，人要紧!”然而，此时的邵樟生，心里只有桥!他不放心，一定要上桥亲自查看，他一定在思忖：捞拨掉大水污，洪水不会受阻，减少桥脚的阻力，桥或许不会倒塌。于是，他毅然决然地上桥了!

天色渐渐地暗下来，看大水的人看着邵樟生一节桥板一节桥板地弯着腰查看桥索有没有捆牢，一根桥脚一根桥脚去捞拨大水污……天已完全黑了，邵樟生的身影也完全隐没在夜色中，只有江里哗哗的流水声和雨声不停歇地响着。

或许是洪峰突至，或许是漂浮物猛撞桥脚，也或许是天黑失足，也或许是捞拨大水污时被竹竿别离桥面……我们的邵樟生落水了。木桥也垮塌了。同是住居在溪边的社员陈福生、陈庆生，都隐约听见溪的方向传来一两声“救命”的喊声，然后又只听见哗哗的洪水声。

邵樟生出事那年已年逾花甲，他身材高大结实，水性很好。可能桥塌突然，没有下蹲手抓铁索；也可能身上蓑衣妨碍他游水逃生。是夜，漆黑漆黑。无情的洪水吞噬了我们的摆渡人邵樟生！

当晚，大队（公社）广播里传来邵樟生被洪水卷走的噩耗。全家人顿时哭喊成一团。全大队的人震惊了，许多干部、亲友乡邻眼里噙着泪水，为村里痛失一位好人而惋惜不已！更楼公社领导在广播里要求广大贫下中农、党员干部、社员群众，提高警惕，防止意外再次发生，并再三强调，如果今晚大雨不停，明天全公社各大队干部要组织社员保护好集体财产，组织群众尽早撤离村里去地势高的处所逃洪水避难，绝不能再发生生命安全事故！

村里亲友乡邻听到广播，都纷纷冒雨打着手电筒赶来邵家。大家一边安慰邵樟生妻儿，或许在哪里上岸了，在哪村获救，天黑回不来，一边商议如何立即去寻找。于是亲友们分成两拨：一拨是4个儿子，戴着笠帽，拿着手电，立马沿江逐村去探寻；另一拨是外孙郑雪昌，乡亲周彩忠等四五人，也随后出发。老邵的4个儿子一直寻找到新安江汪家，没有丝毫信息，才伤心地回家。郑雪昌他们一路沿江寻到山后村溪流入寿昌江处，也无功而返。

8月3日，暴雨仍一刻不停地下着，溪水节节攀升。下午2时许，村里一道古老的防洪堤——大塖坝，已被洪水冲塌出一个几十米宽的大决口，洪水从决口处奔腾而下，淤堨畈、村里已漫进齐膝深的水。整个村庄已被洪水四面包围，淤堨畈、张家畈直至村外沿江洲地，已成一片汪洋。村庄已成一座座“孤岛”。村民已纷纷撤往附近的高地，未及撤离的也已上了村里竖榀砖瓦房二楼避险。邵家人又在悲痛和绝望中度过了一天一夜！

4日，洪水退去。随后几天，邵家4兄弟每天一早就分成两拨或沿江、或逐村去探访父亲的信息。新安江街上人流密集处，新安江广场周围的墙上，火葬场，都张贴有县抗洪指挥部印发的洪水中失踪人员的相关信息及照片。县招待所对寻访亲人的家属都热情接待，免费用餐。

洪灾过后，抢险救灾，安排民生，抢收抢种，成为各级政府工作中的重中之重。鉴于邵樟生因护桥而落水失踪，邵家痛失亲人，大队党支部书记何显仁一面安慰老邵家属，一面特许邵樟生两个儿子继续寻找失踪父亲。

直到老邵落水后的第七天，当时在建德安仁煤矿工作的郑雪昌，下班回家途中照例去新安江火葬场探听消息时，才得悉当日新安江畔洋安村人送来一具江边发现的无名男尸。郑雪昌赶忙去停尸间掀开白布一看，由于尸体在水中浸泡多日，加以盛夏气温高，尸体已面目全非，腐烂发臭，但从尸体高大的形体，特别是上身那件熟悉的条纹背心上辨认，已确实无疑是外公了。火葬场员工告诉郑雪昌，要家属于第二天6点前赶来看死者最后一面，否则为防范灾后疫情发生，6点整就安排火化了。因为当时交通不便，或者另有原因，待邵家人赶到火葬场时，迎回来的却是邵樟生的骨灰了。

时隔半个世纪，当笔者去采访核实当年邵樟生因护桥而殉职的经过时，当时二三十岁的青年都已垂垂老矣。但当他们回忆起邵樟生生前的点点滴滴时，个个都来了精神，谈起往事历历如在昨天，都会翘起大拇指，连声赞扬说：“樟生，忠！”

乡亲们口中一个“忠”字，承载着老邵肩上多少责任和担当啊！淤堨村50年来，逝去人中不乏值得人们怀念的先人，但能赢得这个大写的“忠”字的人，能有几个？

邵樟生，您的精神永存！

在洪波中身缚毛主席塑像的邵德江

□陈　晔

1972年8月3日下午1时许，寿昌江因连日暴雨，江水猛涨。洪水已从沿江低洼路口漫灌进村中，社员们纷纷撤往周围地势较高的上坞岭大队养猪场、白果塘果树园看管员李早红的茅蓬、村里竖榀砖瓦楼房二楼以及邻村黄泥邵家一带避险逃难。

淤堨村地处寿昌江下游南岸，西南临江，东南面接壤千亩农田（包括张家畈以及两村临江的洲地）。

大塍坝是已有上千年历史的淤堨村防洪护田佑村的堤坝，地处淤堨村上沿至上溪滩（现320国道淤堨段立交桥附近）。当时，大塍坝顶已有齐膝深的洪水漫过。堤内外地势落差有2米多。下午2时许，汹涌的洪水奔涌而至，势不可挡。洪水冲塌大塍坝190余米，垮塌得最严重的一段是村头30米左右的一段。由于此处内外落差最大，洪峰夺路而奔，所经之处的农田被冲成55米左右宽、约110余米长的砂砾溪滩。这一片农田，已插下的晚稻、成熟的西瓜、未收割的早稻，顿时一扫而空。淤堨畈、张家畈以及江边的洲地近千亩农田沦为泽国。淤堨村顿时被洪水四面包围，成了洪波中的“孤岛”。从高处俯瞰整个村庄，犹如一叶扁舟在洪波中荡漾。

邵德江家在村口（现村“文化礼堂”右侧），与他家紧靠的是一长溜地势较高的郑姓古坟茔，淤堨人叫它长坟堆。8 月 3 日上午，瓢泼大雨下个不停，水位节节攀升。一大早，当民兵的邵德江长子邵海清，跟随公社驻队干部胡光耀，大队干部分成几个小组挨家挨户检查社员群众是否疏散撤离。刚完成任务，他突然想起自己的家和家里父亲，就急匆匆赶回家中。邵德江一见儿子，就像来了援军，马上叫他将屋里可搬动的桌椅、农具等家当，统统往坟堆上搬。自己则将一尊 10 厘米高的毛主席瓷质半身塑像用布条牢牢地捆扎在背上，因为那是全家人最最敬重和珍爱的宝物。

邵家的房屋与大塍坝最严重的溃塌决口处于一直线上，急湍奔腾的洪流直奔而来，他家自然首当其冲。父子俩正在坟堆上忙乎着，只听“轰，哗”几声巨响，他家三间泥木屋瞬间倒塌在洪水中，这是“八三”洪水中村里第一幢倒塌的房子。父子俩怔怔地在雨中注视着眼前所发生的这一切，半晌才回过神来。这一幕，被在桑园里后山头上的妻子儿女们看得真真切切。顿时，一家人哭喊着：“我家的房子没了！房子没了！”男孩子们眼里噙着泪水，咬着嘴唇，默默地一声未吭。到下午 4 时左右，洪水已漫进村里地势低的民居 1 米多深。泥木房经不住浸泡，村里屋连屋，一幢倒塌，相邻的被撞被淹纷纷倒塌。站在他们周围同是逃避洪水的乡亲们，眼睛盯着村里自家房子的方向，眼睁睁地看着一幢幢的房子倒下，有的号啕大哭，有的眼里噙着泪水悲痛得说不出一句话来。

被困在坟堆上的邵德江，他知道大儿子从小在石马头山村长大，不像淤堨的男孩个个都会游水。眼看危险一步步逼近，洪波中不时有稻桶、橱柜、房屋榀架、死猪、断树、杉木等漂浮而来，老邵心急如焚。突然间，邵德江急中生智，他一边将冲漂到坟堆边的杉树原木一根根捞上来，一边吩咐儿子赶紧将畚箕、尿桶架子上的苎麻绳圈解下来，然后将五段原木用苎麻绳紧紧地捆扎在一起。说时迟，那时快，不经意间，洪水已漫上坟堆，“五木舟”也随水漂浮了起来，脚下坟堆泥土也似乎有点松动了。父子俩立马一后一前地骑跨在“木舟”上。儿子俯身趴在舟上，两手紧紧抓住身下的原木。邵德江手拿一根晾衣竿当竹篙，战战兢兢地随洪波向下流漂去，不知不觉中已漂到 2 华里外的何家村了。当时，何家村旁有一道塝，塝旁有几座古墓，旁有 3 棵百年以上树龄的枫树。洪水突然袭来时，10 多位何家人，还有更楼公社驻队干部熊有政，来不及撤离村子，攀爬上枫树避洪水。当何家人远远看到有人在树上漂流下来，老远就一齐撕破嗓子大喊：“快靠到坟堆旁来，冲到窑坞里（寿昌江新市溪旁的一小村坊）就没命了！”“那股水急，危险！”父子俩离枫树坟堆越漂越近，听得也越来越清楚。于是，邵德江在树上人指点下，避开了那股急流，将五木舟撑到坟堆旁，并将它系在坟堆旁的一棵树上，爬上了坟堆。此时，两颗悬着的心才暂时的平静了下来。

大约晚上 10 点钟，雨渐渐停了下来，脚下的波涛声似乎也小了些许。虽说时令正值盛夏，但因气候异常，加以在雨中已淋了八九个小时，坐在湿漉漉草丛中的父子俩，不觉寒意阵阵袭来。父子俩又冷又饿，蜷曲着身子，耳畔唯有“哗哗”的涛声，一点睡意也没有。父子俩相对默默地坐了一会儿，儿子开口问了一句：

“爸，水还会涨吗？”听得出，儿子还心有余悸。“雨都停了，水怎么会涨，易涨易退山溪水嘛，不用担心。”老邵安慰了一句，毕竟姜还是老的辣。儿子又说：“妈他们一定急死了，还以为我们被洪水冲走了呢。”“那也没办法，现在怎么去找他们？天还未亮，水也没退，晓得哪里的水深还是浅。”爸爸说，“再说，急也没用，等水退去，我们赶紧去黄泥邵家去找他们。”“房子都没了，回去住哪儿？”儿子又发起愁来。老爸说：“你们都长大了，亏你还是民兵，只要人在，难道共产党还会让我们去逃荒要饭？再说，我在厂里有工作，每人都有一双手，我就不信还有迈不过去的坎！”老邵虽这么鼓励着孩子，但心里还是挺担心灾后一家人的生计的。父子俩就这么有一搭没一搭地聊着……

4日凌晨4点光景，水已退了，天却没亮。父子俩凭借近村远山那朦胧的轮廓，心急火燎地滑下坟堆，朝着公路方向，高一脚低一脚地穿过被洪水冲得沟沟壑壑的张家畈，也分不清脚下是田是埂还是沟，有时一脚踩进水洼，溅得一身都是泥浆。上了公路，翻过上坞岭，直奔黄泥邵家而去。

父子俩到黄泥邵家时，天刚蒙蒙亮，顾不得疲惫，径直去亲戚家敲门。一夜未合眼和衣睡在亲戚家堂前地铺上的邵德江妻子，听到熟悉的敲门声，一骨碌从地铺上起身。打开大门，面前站着泥猴似的父子俩。她一把将儿子拉进门，搂抱在怀里，禁不住大声哭了起来。哭声惊动了孩子们，睡眼惺忪地纷纷爬了起来。7岁的女儿海娟，紧紧地依偎在父亲身边，男孩子们都围在爸爸和大哥身旁，又是哭又是笑。可不，这难熬的一天一夜，这痛心彻骨的愁思，刹那间烟消云散。

淤堨人邵德江父子平安回家的消息，很快传遍了整个黄泥邵家这个小山村。来此避难的淤堨人和素不相识的本村父老乡亲都赶来了，将老邵一家围得严严实实。“邵家阴功积德，大难不死”“好人会有好报”“大难不死，必有后福”等祝福语不绝于耳。老邵无限感激地说：“幸好有何家人在树上大声指路，避开那股急流，否则我们父子早就被冲到钱塘江里喂鱼了。”老邵话音未落，围观的人群中有一人指着老邵背上的毛主席塑像，大声说：“大家都说得对，但我说毛主席才是最大的恩人，是他老人家保佑父子俩平安回来！”大家纷纷点头表示赞许，然后又笑声一片。这时，老邵妻子小心翼翼地解下丈夫背上的毛主席塑像，许多群众将手在衣服上擦了又擦，看看干净了，再去抚摸毛主席塑像，说是沾点好福运带回来，保佑全家平安幸福。于是又引来大家一阵欢笑声……

不知不觉中，一轮红日从东山后冉冉升起，将暖和的晨光投射到远远近近的田野、山川、村落……

老邵父子死里逃生的经历，在“八三”洪水后，一直成为人们茶余饭后的美谈。

邵德江，中共党员，原寿昌木器厂工人，文盲，现年 90 岁。

痛定思痛　重建大堤

□陈　晔

淤堨村的防洪堤，沿江内外共有三道：

一是大塍坝。虽说名称上带个“塍”字，但功能上是防洪护田佑村。村里遗存有一块清朝道光八年五月二十七日立的“禁水碑”，从模糊的碑文中尚可辨认出“坝外荒地不可开垦以固坝脚”等字迹，据此推测，其历史至少已有几百年。据民国十九年《寿昌县志》载：“县东二都二淤堨大塍上下两段各百余丈，为镇村之保障。”“田畴两千四百余亩，皆赖此塍护卫。”且载有“屡建屡修，申请拨款”等文字。可见，自古以来，大塍坝实乃淤堨村护田佑村的关乎百姓生存之重要屏障。1972 年 8 月 3 日，寿昌江流域遭遇百年不遇的特大洪水，长约 200 米左右的大塍坝几乎全线被冲毁，其中沿村头的 30 余米的一段倒塌得最为严重，坝基几乎冲毁殆尽。洪水首先从此段奔涌而下，将塍坝内农田冲毁成宽约 55 米、长 115 米的一片沙砾滩。农田里，刚插下的晚稻、未及收割的早稻、成熟的西瓜，统统一扫而光。沙砾滩之外的淤堨畈里的早稻，都被厚厚的泥沙覆盖。

其时，淤堨畈、张家畈以及两村外洲也成了汪洋。淤堨村被洪水四面包围，成了洪波中的一座“孤岛”。洪水退后，公社、大队领导立即组织社员抢修大塍坝。在塍坝原址上用块石砌面，被冲走的塍坝块石和沙砾挑抬上来作筑坝材料。这样，即可在修复后的农田中赶种上荞麦、玉米等秋季农作物，可谓一举两得。时任第二生产队队长的黄槐德，患胃出血多年，连日带领社员抢修抢种。不几天，就因大出血而未能及时抢救而痛逝。

大塍坝从淤堨村头上沿一直到上溪滩（现320国道淤堨段立交桥下附近）。剖面是梯形，顶窄底宽，坡度约为1∶5左右。下段沿江（坝外植有草皮）成直线。上段成一大弧形，刚好将淤堨畈包围护卫其中。塍坝长约300余米，顶宽在2.4～2.2米不一，坝高处约有2.5米光景。“八三”洪水前，下段坝面中间铺有长条形石板，便于旧时手推独轮车通行以及路人步行。

二是在大塍坝外侧相距百米处左右，还有一段（上段亦是古代修筑的防洪坝）。现仅留存寿昌江绕过金姑山之后，流经淤堨村上头来水处的一段。堤低且窄，由大块鹅卵石砌成。在坝内紧靠坝身栽有一溜杂树，以阻挡洪水。由于此坝防洪能力差，稍一涨水，堤内几十亩农田即被淹。此坝历尽沧桑，已成遗址。

三是现今从淤堨下堰坝旁抽水机房起，止于大淤堨堰坝（位于现寿昌镇陈家村下朱自然村与隔溪的高田畈自然村之间）的沿村防洪堤坝。堤坝总长1573.7米，其中沿村段长596米，顶宽2.4米。沿村段水上部分高3米，水下基础宽4米，基坑深2米。防洪堤块石干砌，总方量为21000立方米。

沿村防洪堤的一段修建于20世纪60年代末，郑永华任大队党支部书记期间。“八三”洪水后，以何显仁为书记的大队党支部，充分认识到修筑一条防洪能力强的沿村堤坝是淤埚村的当务之急，工作中的重中之重，关乎着群众的生命财产安全。于是在更楼公社党委、县水利局的高度重视支持下，一场建坝战斗在灾后如火如荼地展开了。大队将基坑挖掘任务按生产队大小分段到生产队，除堤坡面砌石外聘石匠开工资之外，其余工种全部记工分，参加生产队年终结算，年终再由大队按各生产队实际投工分数作平衡。当时生产队每 10 分工在 2 角到 6 角不等，平均约为 10 分工 4 角钱。挖基坑时，时值隆冬，天寒地冻，为了赶在来年春汛前完工，党支部动员社员大年初一赶工，要求党员发挥先锋模范带头作用。时任更楼公社党委副书记的徐秋菊，不仅以大量时间坚守工地，巡查进度与质量，还亲力亲为，身先士卒，经常卷起裤脚带头敲冰扫雪下水清基坑，扛草包垒围堰。入党积极分子王义洪等许多社员，在地上还铺满严霜的早晨，喝两口勾兑白酒就赤脚下水。大队团支部组织青年突击队，挑灯夜战，突击赶工。社员邵忠华，为人老实本分，家里已断炊，仍然饿着肚子上堤坝挑石块。大队干部了解这一情况后，立即借给他 50 斤储备粮，以解燃眉之急。砌堤块石全部从本村三处采石场开采。炮工也是社员中能者为师，干中学，学中干。负责现场施工的大队党支委邵光裕亲自撑渡船运块石，每船都装载得满满的，因载重大，船舷只露出水面 2 厘米。采石用的雷管炸药，是由何显仁去七里岗工程指挥部协调支援的。为了运石方便，曾将木桥移至采石场附近。假如愚公再世，也会感叹后继有人。这充分体现了众志成城、干群一心、战天斗地的英雄气概。

到了 1974 年，七里岗寿昌江分流改道工程启动。寿昌江从刘家村段截弯取直，以利疏导洪水。但在开挖分洪河道后，发洪水时有一股不小的洪流将会直冲淤塌村。为了顾全大局，大队领导、社员群众仍积极支持配合工程建设。七里岗工程指挥部也将分流水道正对的淤塌防洪堤的一段，加宽加深基础，加宽加高坝体，并采用混凝土浆砌，以应对洪水直冲的威胁。

在长达20余年里，几任党支部带领社员群众，在以自力更生为主、水利工程拨款为辅的困难条件下，经不懈努力，一条设计标准更高、抗洪能力更强的沿村防洪堤终于在20世纪80年代初竣工。

在新农村建设过程中，在村党委书记李忠发、村主任郑雪冬的主持下，近年又在沿村段堤坝上，加厚拓宽混凝土堤顶，配置花岗岩镂空护栏，坡面缝混凝土灌浆，使防洪堤更加坚固美观。每逢夏天傍晚，纳凉游人如织，不失为一条沿江绿道的风景线。

“八三”洪水中的更楼

□ 王裕民

1972年8月3日，寿昌江发生了历史上罕见的特大洪水，更楼也同样遭受了历史上空前的洪水灾难。水灾过后，为了记住历史教训，大家习惯把这次洪水灾难，称之为“八三”洪水。

1972年6月下旬开始，久旱无雨，山塘干涸，寿昌江断流，寿昌、更楼一带遭受了严重的干旱。7月底8月初，太平洋上7号台风在安徽黄山与安庆之间形成了低压槽。受此气候影响，8月2日，寿昌、大同、长林、上马以及更楼等地开始普降暴雨。自3日凌晨起，暴雨越下越大，越下越烈，连续下了七八个小时，丝毫没有停息的迹象，总降雨量达355.3毫米。大范围集中降雨致使江河水位急剧猛涨。寿昌江大同一带水位达到80.18米，寿昌镇水位上升到51.18米，而下游临近寿昌江出口的源口水文站测得最高水位34.79米（此水文站平时水位为26.58米）。3日，源口水文站测得洪峰流量达3160立方米/秒。由于山洪暴发，猛烈的洪水像一匹脱缰的野马，咆哮发狂。上马、长林、大同、寿昌江上游地区的洪水汇集各方支流的山洪犹如猛兽一般呼啸着向更楼压来，混浊的洪水浊浪涛天、势不可挡。寿昌江下游的源口庙嘴头由于山势地形所限，洪水又倒灌回来，更楼地区很快变成“八三”洪水的重灾区，寿昌江沿岸的所有村庄被围被淹，大量房屋堤坝倒塌，良田、机电排灌系统被毁坏，生产队仓库倒塌了，刚收获的早稻谷被冲走了。粮田变成了沙石滩，“三线”（电话线、广播线、输电线）杆倒线断。电停了，通讯中断了。公路被冲毁，更楼至石马的公路在更楼大桥两侧均被冲成了两个各长15~20米、深达八九米的大缺口，寿昌江更楼沿河两岸堤坝几乎全部冲毁、倒塌。更楼街上水深达2米，整个更楼浸没在洪水中。在湍急的洪水中，漂浮着家禽、家畜、粗大的树木、屋架、家具及杂物，更楼街上所有泥墙房屋全部倒塌。洪水退去后，更楼河对岸100多亩良田及中洲近百亩良田基本上冲成了砂砾地，没有收割的早稻被埋在淤泥中，田野里到处是横七竖八的断枝残木和一堆堆垃圾，不时还可见到猪、鸡、鸭的尸体。更楼街上淤泥厚达几寸。每家每户一楼的家具全被浸泡，表面污泥覆盖，倾倒、挤压在一起。在倒塌的废墟上，到处是断裂的屋架、倾斜的残墙。老人、妇女、孩子们的哭喊声此起彼伏，其状惨不忍睹，人民群众的生命财产遭受了严重的损失。

第二天，在党和各级政府的领导和组织下，人们顽强地高声朗读着毛主席语录，高声唱着“学南堡、赞南堡，泰山压顶不弯腰”的歌曲，投入到重建家园的战斗中去。当时，建德县有43个公社、513个生产大队，其中有33个公社、265个生产大队受灾，寿昌镇公社、更楼公社损失最为惨重。全县淹没耕地5670公顷，其中冲成沙砾848.6公顷，需要改种1257公顷，需要洗苗3066公顷，淹没早稻807公顷，其中冲成沙砾272公顷。全县冲塌民房

3611户10042间，半塌640户1401间，冲塌集体仓库252座908间，淹没231座557间；毁坏学校44所，淹没房间376间，淹没机器119部；粮油加工厂49个，冲毁堤坝3460处，冲毁山塘水库70座。全县因洪灾死亡42人，受伤502人，冲走耕牛7头，生猪1221头，粮食受潮70922担，冲走粮食损失53751担，损失各类物资359016件，各类设施（系统）折合经济损失388.63万元。更楼公社13个生产大队，有11个生产大队受灾，其中，更楼、于合、张家、黄泥墩4个大队遭遇洪水袭击最严重。全公社有512户社员房屋倒塌，5557人受灾；有40个生产队仓库被淹或倒塌，157万多斤入库的早稻谷被淹、被埋、被洪水冲走；1154亩尚未收割的早稻被掩埋，3076亩晚稻、855亩玉米被洪水冲毁。损失之惨重是历史上所空前的。

面对洪水袭击，当年中共建德县委、县革委会在浙江省委的领导下，紧急部署，成立了抗洪指挥部、抗洪突击队，奔赴灾区。更楼公社全部公社干部奋战在抗洪第一线。更楼大队的党员，以及青年、民兵是抗洪的主力军。全县有14万余人响应县委号召，与驻建部队官兵一道参与抢险。浙江横山钢铁厂工人涂瑞雄在抢救灾民过程中英勇牺牲。建德水泥厂工人陈福生在汹涌的洪水中，为抢救更楼居民黄秀花也献出了自己的生命。淤堨村村民邵樟生为保护于合大桥，以身殉职。

“八三”洪水引起了中央和省、市各级党委、政府的高度重视，8月4日、5日，党中央、浙江省、杭州市两次派出直升机到更楼、寿昌、大同上空低飞，空投慰问信、食品、药品及其他救灾物资。省市及县政府还派出慰问抢险组和慰问团，深入重灾区，安定民心，帮助指导抗灾自救，组织恢复发展生产。洪灾过后，县委、县革委会、公社党委、公社革委会专门组织干部蹲点在更楼，组织动员更楼化工厂、建德水泥厂、石马石矿及未受灾的大队社员群众，帮助抢挖埋在污泥里的粮食和各种物资，帮助社员突击抢收成熟的早稻，补种晚稻，开展洗苗、扶苗、补苗、施肥、防病害等工作，修复被冲毁的水利、道路、田坎，最大限度地降低因洪灾遭受的损失。浙江省、杭州市以及建德县及时下拨了救灾款。

“八三”洪水发生后，更楼附近厂矿、火车站及周围后塘、湖岑畈、甘溪等村的干部、工人、农民都冒着生命危险，千方百计参与抢险救人，为熟识的或不熟识的更楼灾民提供食宿、安排住所，那淳朴、好善的中国传统得以充分体现。“八三”洪水后，更楼街上到处是墙塌屋倒，废墟一片，但社会稳定，没有发生过一起偷盗抢拿事件。由于救灾及时有力，没有一户一人因洪灾逃荒要饭，所有受灾群众都得到妥善安置，生产、生活很快得到恢复。大家都以极高的热情投入到重建家园的战斗中。一些白发苍苍的老人至今谈起“八三”洪水，还会说：“共产党好，社会主义好。没有共产党，那年‘八三’洪水带给我们的灾难是不可想象的。”

“八三”洪水已经过去50年了，现在的年轻人不了解甚至很难想象当年的惨景，它带给人们的灾难是深重的。同时也留给人们一个思考：试想一下，当年如果没有新安江水电站发挥了巨大的调峰错峰作用，寿昌江“八三”洪水将是怎样的情景？为什么“八三”洪水会如此惨重？这其中主要是台风带来的特大暴雨引发了洪水，但也与当年那个年代乱挖山体乱改田造地、乱砍滥伐山林、过度破坏山体植被分不开的，大自然必然要对人类的错误行径进行惩罚，“七分天灾三分人祸”，记住“八三”洪水的历史教训，尊重自然，敬畏自然，必须要按自然规律办事，人类才能与大自然和谐相处，绿水青山才是金山银山。

难忘的一天

□ 王裕民

50 年了。现在回忆起 1972 年 8 月 3 日（农历壬子六月廿四日）发生的特大洪水，那一幕幕场景依然清晰地出现在我的眼前——倾盆的暴雨、咆哮的洪水、连根拔起的古树横卧在大街上，成片倒塌的房屋、良田变成了砂砾地，砂砾之间埋着金黄的稻穗、死猪、死鸡、家具、杂物，遍地狼藉……其境之惨，至今想起仍然令人心有余悸。

那一年，我在家乡更楼小学当民办教师，担任学校负责人，亲自经历了这一场罕见的洪水。

从 8 月 2 日晚上开始，天好像突然破了似的，暴雨整整下了一个晚上，丝毫没有停息的迹象。晚上 12 点左右，公社广播站的广播就开始反复广播了（那时没有电视，每家每户安装了一只有线广播，收听新闻），时任更楼公社党委书记方金财同志和公社广播员反复强调：受台风影响，暴雨将引发洪水，农村正值“双抢”（抢收早稻，抢种晚稻）关键时期，要求各单位、各生产大队、生产队、各家各户、社员群众努力投入到抗洪斗争中去，保护国家、集体财产，保护人民的生命安全。

8月3日早上，大雨仍然下个不停。我早早地起来了，匆匆地吃完早饭，带上笠帽，穿上蓑衣，就往街上走。当路过公社门口时，正好遇到了方金财书记带着一班人从公社里走出来。方书记穿着蓑衣，头戴笠帽，赤着脚，其他人有的穿蓑衣带笠帽，有的穿雨衣。方书记看到我边走边说：“王老师，学校的抗洪工作就交给你了，同时要做好老师家庭的工作。”说完方书记带着一班干部消失在雨幕中。

我沿着街路叫上两个同事一起来到学校。学校的操场上已经有三四十厘米深的水了，我和同事一起打开各个教室和办公室，把课桌凳、办公桌都叠放起来，用拔河的绳子，体育课用的跳绳将它们固定好。再将学校里的教科书、档案等重要资料收集到一起，吊放在屋架上。我对同事们说：“学校的墙是三合土（横钢的炉渣、河里沙石和更化的石灰拌成的）打的，不怕水淹，只要课桌凳教科书不受损，下学期就能按时开学。”我们关好了所有门窗，锁好大门，离开了学校。我对同事们说：“你们快回家吧，家里可能也进水了，要注意安全啊！”

离开了学校，我准备往家走，在走到水碓巷口时，想起学校王金花老师家住在江边的低洼处，于是我放弃了回家的念头，拐进了水碓巷，向江边王金花老师家走去。正在此时，后面急匆匆地赶来了王金花老师的丈夫余日新。他是公社广播站的负责人。他告诉我：他刚从公社里来，从昨天晚上半夜开始，他就一直在广播站值班，凌晨3点广播站开始进水，他和广播员一起搬设备，将所有的广播设备一件件从公社后院搬到公社大楼的二楼。搬完设备又忙着架线安装设备重新开播。他又说，张家村、淤埚村的广播已无法开通了，看来线路已出了问题。他本想去查看，公社值班领导要他赶紧回家，家里受淹了。

我俩加快步伐来到江边。余日新的家两间泥墙平房已被洪水包围，王金花老师与几位亲戚朋友正在搬家具，因家里穷，没有几件家具，很快就搬完了。为了减少损失，大家就着手揭瓦拆房。此时王金花家里的水已经齐腰深了，汹涌的浪头不断地拍打着外墙，只见那泥墙一大块一大块地被冲走。为了安全，大家放弃拆房。我们刚离开房子，往高处走了不到10米的地方，一个大浪打来，“哗啦”一声巨响，两间平房倒了，屋架也被洪水卷走了，只见那屋架在浪涛中翻滚着时上时下，不一会儿屋架散了，一根根木料与洪水中的垃圾、稻草、死猪、死鸡混杂在一起，越冲越远，看不见了。“天呐，这叫我们一家四人住哪里啊？”王金花老师号啕大哭起来，那凄惨的哭喊声，伴随着雷雨声在空中回荡。她的丈夫余日新是我的儿时伙伴，从小是同学，他自幼就一直借住在姐姐家，这两间平房还是1970年白手起家建造的，还不到两年，现在被洪水冲走了。余日新跌坐在地上用手拍打着自己的胸，伤心地朝天喊着：“我……我……我的命好苦啊！”面对此情此景，在场的人无不流泪。过了一阵，洪水上涨到脚边了，在大家的劝说下，王金花和余日新夫妇才离开了江边。

回到家已经快下午1点了，我因肚子实在太饿，顾不得父亲的责骂与唠叨，捧起碗狼吞虎咽地吃了三碗饭。哥哥告诉我：妈妈、嫂嫂和三个侄儿已送到后塘姐姐家去了。

我家地势在更楼街上是比较高的，根据以往的经验，如果我家进水，更楼就完全成了孤岛，村边的320国道水位将超过1米，没有船、排是根本无法进出的。下午 2 点多，洪水已经满进了我家，门口街上的洪水已超过膝盖，湍急的洪水夹杂着一捆捆稻草、树枝、南瓜、冬瓜，时不时地还有死鸡、死猪向中街、下街、大小弄堂冲去，浑浊的洪水散发着浓浓的腥臭味。水越来越急，涨得也越来越快，要想涉水往外逃是完全不可能了，只能想办法自救。幸好我家门口对面有一块几十平方米的空地，旁边栽着一棵直径有 20 厘米左右的桉树，这块空地比较高，此时水位有三四十厘米。我们父子三人和隔壁几家的几个青壮年都站在那里，大家很快达成一致共识，不分你家我家，齐心协力用门板、排门扎成两副木排，用砍柴的柴索牢牢拴在桉树旁，不到万不得已不用，如果洪水继续涨，房屋冲光了，我们也无法站立了，大家就坐着木排逃生，听天由命了。

下午 3 时多，洪水还是在猛涨，随洪水而来的一堆稻草堵住我家旁边的弄堂，猛烈的洪水像发疯似地往我家里冲，“轰隆隆”一声巨响，我家的泥墙倒了，紧接着隔壁家的也倒了，再接着街上一片片房子倒了……墙倒时掀起的巨浪，把我们冲得七倒八歪，差点被洪水卷走。大家紧紧地手拉着手，紧紧抱住桉树，大口地喘着气，强烈的求生欲望，让我们越抱越紧。躲在不远处一座二楼砖瓦房中，妇女儿童们那凄惨的哭喊声一阵又一阵。过了一会儿，墙倒的泥灰慢慢散去，和我们抱在一起的隔壁的青年李茂华突然高声喊起了：“下定决心，不怕牺牲，排除万难，去争取胜利!”紧接着大家不约而同放开了喉咙，一遍又一遍地齐声朗诵“下定决心，不怕牺牲，排除万难，去争取胜利”！朗诵完了，大家又唱起了“学南堡、赞南堡，泰山压顶不弯腰……”那声音压过了咆哮的洪水，响彻天空。

下午6时左右，洪水终于开始退了。晚上7点多，洪水已退出了更楼街上。这时的更楼，街上全是几十厘米厚的淤泥，到处是残墙断瓦、东倒西歪的家具与垃圾，其状真惨。

天慢慢黑下来了，我们兄弟及父亲三人摸黑在家里清理，肚子已饿得咕咕叫了，我和哥哥跟父亲商量：是不是先想办法烧点饭吃饱肚子再干。可是米呢？盛米的缸已被洪水冲走了；水呢？盛水的水缸破了半只，破缸里全是垃圾与淤泥；厨房的灶头也塌了。看来父子三人只能饿一个晚上，明天天亮以后再想办法了。我们洗干净几条凳子，默默地坐在那里，老父亲时不时发出“唉！唉！”的叹息声。大概晚上8点多钟吧，门外忽然照进了手电光，两个年轻人走了进来，他们的手里拎了一袋面包，对我们父子三人说：“我们是更楼化工厂的工人，你们还没有吃晚饭吧？这几个面包先拿去充充饥，要相信共产党，要相信人民政府，洪水造成的困难肯定会战胜的！”我们父子三人接过那还有热气的面包，心里那个激动啊，感动啊，无法表述。

……

“八三”洪水已经过去50年了，但我永远永远记得那难忘的一天——1972年8月3日，农历壬子六月廿四。

灾后建房记

□ 叶庆生

一、受灾

我家原住宅系清朝中叶的一幢砖木结构的房屋，位于新街村寿昌江西岸第一幢，因年久失修已成危房，又遭受寿昌江百年罕见的1972年8月3日洪水之灾（史称“八三”洪水），迫使房屋拆除重建。

8月3日下午3时许，适逢洪峰极值，寿昌江水位高出我家门前田畈1米左右，放眼望去，门前田畈与寿昌江两岸的千亩农田已成一片汪洋，只见淤埸、张家（何家、下徐自然村）的房屋在波涛中一幢幢轰然倒塌，其情其景令人心酸……此时，我家房屋室外地面与洪水持平，面对洪峰，一家老小欲搬迁家什避险。在观望数小时后，洪水渐退，故而家什未搬。次日凌晨，父亲发现东面墙根地皮下陷，整个墙体略向西面倾斜，室内柱子也随墙体西倾，邻居们也都赶来察看险情，七嘴八舌地动员我们离开住所避险。于是，父母亲把7个子女叫到跟前，怀着沉重的心情说：“你们都长大了，迟早都要搬出去另建新房，如今这个状况已经不能住人了，迟搬不如早搬。目前我们家还没建房能力，但是为了全家人的生命安全，现在决定近几天内搬迁，另选地址建房。”

8 月上旬，亲友们得知拆旧建新的消息，都自告奋勇来帮忙，仅一个星期时间，一幢二层楼、建筑面积达 300 余平方米的楼房的瓦片、木材、砖块全部拆除并分类堆积，以备添置新房用材。旧屋拆除后的第一困难是十来口人的临时住所问题。在此之前，父母走访了几家住房较宽敞的农户，只因距离太远，不便新房施工管理而犯愁。此时，幸好善心邻居叶樟锡主动要求住他家，虽然只有三间平房，却让我们几乎占了一半，当我们在旧宅一个临时灶头帮工人多不够用时，他家就主动让我们先用，经常使自家人延迟做饭，同时还将锄头、畚箕不时提供我们使用。而且直到新房完工，还婉拒我们适当付点房租费的心意，为我们提供了极大的方便。

二、择地

由于原宅地基呈东西向长方形，周边又受邻居房屋限制，如果在此建房，除了门前留出 2 米宽的路，进深仅有 4 米，且无庭院，对于日后四兄弟成家并无拓展空间。于是，决定另行择地建房。经过一番选址，在离老宅百米处的一自家菜地建房。但是，除了 5 间房屋占地面积 175 平方米外的庭院用地，又涉及邻界叶国良、叶小满两个农户的菜地。为此，只好又与他们商量，结果他们二话没说，叶国良爽快同意将阳光充足地质肥沃管理方便的 2 分多菜地置换到500以外的后桐坞旱地；叶小满老两口因年岁已高不便离村太远种植，故而将我家老宅门口的一分多菜地予以置换，为其提供种植和管理上的方便（此地两老过世前我家已出钱赎回）。结果，一个建房最大的难题顺利得到解决。

三、运材

为了节约成本，当初的建房材料决定采用泥木结构，四兄弟每人一间加父母一间，每间35平方米，计175平方米，一层半，泥墙，每间11支木桁条，屋面盖子瓦（旧宅瓦片）。根据这个材料要求，除门、窗、椽子木材可利用旧宅木料外，一是需要向外地搬运260立方土方打墙；二是缺少木桁条40多根（除旧宅可用的以外）。为了解决土方问题，利用旧宅木料加工了两部双轮车，从附近山上采土，父亲与我们四兄弟自挖自运。接下来最伤脑筋的是缺四十几根直径15厘米左右的木桁条。鉴于当时形势，只有两条采购渠道：一是每年国家供应每个大队木材2至3个立方（根据大队规模而定），享受对象是退伍军人（每人0.5立方米）和建房用材特困户；二是向地下交易的木材市场采购（如果有人举报被森工站或木材检查站查获，将悉数没收）。有鉴于此，我只能冒险走第二条路。幸运的是，我以大队民兵连长的身份被派往县办的“十二山铁矿”慰问本大队务工人员（现为洋溪街道所辖的高峰村），相遇初中同学邓洪喜（被邓家公社委派此地兼任务工人员负责人）。由于老邓人缘好善交际，在此结识了不少大队干部和生产队干部，而当地又产木材，每年除了完成国家下派任务外，可以适量自行交易。当老邓得知我建房缺木材事后，主动承担中间人，及时与某生产队长商量，同意廉价卖我 40 来根杉木桁条，每根仅 10 元钱。但是，对方有个前提，说是从十二山往芹坑坞（现新安江自来水厂）过江时，如果遇到新安江森工站（设在现罗桐社区处）人员查扣则与他方无关。出于急需用材，只有走一步看一步，木材交易谈妥后，老邓又为我找了一艘船，意欲在芹坑坞口木材装上船迅捷运到庙嘴头（现在的叶家铁路桥底），搬上岸就安全了（因为出境森工站就免查了）。一切准备就绪后，农历十月下旬的一天，雇了 40 来号青壮年，带上面包、干粮于凌晨三点多钟出发，徒步经过新市、黄岙、源口、汪家村再过渡到芹坑坞走山路直达海拔 500 多米的高峰村，单程 40 来华里。在高峰村吃过午饭后，每人扛起一根半湿的达 80 多公斤重的杉木急匆匆按原路返回。当在芹坑坞口会集时已是下午 4 点多钟，加上天气阴暗气温低，已近傍晚时分，大伙都觉得体力不支身觉寒冷，加上原先雇好的船未守信用，临时去人家接新娘子了。一时弄得我和老邓心急如焚：一则担心停留时久遇上森工站查询就麻烦了；二则一旦到天黑还没船开渡，后果不堪设想。情急之下，幸好老水手——解放前后在寿昌江至杭州撑过十几年竹排——傅锡堂、叶连顺、徐天顺等人，将各人随身携带的绳子集中起来，再把 40 多根木头扎成长木排，然后找了几根竹竿，大伙一起踏上木排，顺水划了半个多小时顺利抵达对岸。上岸后老邓和我的一颗悬着的心才缓缓地着了地，对几名水手一时不知怎么感谢才好！本来计划当天下午 4 点左右到家，结果因船误时，直到 7 点多才到家。父母亲看到 40 多根黄灿灿又粗壮的桁条木运至家门口，喜出望外地对大伙说：“辛苦你们了，谢谢了!”尔后，早已摆好4桌饭菜招待大家。

四、建房

房屋从8月中旬打地基，石砌墙基完成后，5天舂一邦墙，间隔十来天，待墙体稍干再舂第二邦，一共4邦墙，加山墙（尖峰）2邦，共6邦墙。前后4个多月建成。由于资金有限买不起水泥，墙面与室内外地面装饰全部采用横山钢铁厂烙铁炉渣，10多吨炉渣全靠自己和亲友肩挑到家，同年底入住。据初步统计，共投入普工330工日，泥水工110工日，木工70工日，合计约500工日。除泥、木工按日支付1.89元和1.55元工资以外，众亲友帮工报酬全免。记得有60多户前来帮工，占全村总户数的40%左右。投工最多的叶成祥等人达40来工。在墙体施工过程中，几次深夜下起中大雨，顶端坭墙不及时用塑料薄膜覆盖将会受到损害。为此，邻居热心人叶成祥、杨永富、叶润生等人都在睡梦中起床后，打着手电筒前来援助，使墙体得到保护。所用帮工几乎都是自告奋勇主动支援。东家仅供每天4餐（含午后点心）和一包大红鹰或雄师牌之类的香烟即可。这个风俗似乎是当时农村不成文的“村规民约”，充分体现了互相援助、无私奉献的可贵精神。房屋竣工之日再摆个普通酒席，邀请所有参建人员聚会庆贺，亲友们则借机呈上一份礼物，礼金一般是三五块钱。

当时的物价甚是低廉：猪肉0.66元一斤，蔬菜三五分一斤，大米0.138元一斤，经济牌香烟0.08元一包，大红鹰牌香烟0.18元一包，雄师牌香烟0.15元一包，民工8角一天，泥水工匠1.89

元一天，木工匠 1. 55 元一天，竹匠 1. 38 元一天。

初步估计，我家房子竣工后，包括工匠工资、材料费、饮食费共计 6 万元左右。幸好当时全家除母亲之外都是生产队正半劳力，历年小有节余，除了自身付费之外，仅向亲友借款 2 万多元，3 年光景还清。

50 年过去了，回首往事，一家有难众人相帮的可贵精神仍然记忆犹新，难以释怀。

“八三”洪水灾情忆录

□ 张银根

公元 1972 年是壬子之年，此年的 8 月初连续下雨，尤其在 8 月 2 日下午起雨量较大，一直至晚上 8 点后形成大暴雨。晚上 11 时左右，更楼公社广播连续紧急通知本公社在职干部收到广播通知后马上到公社开紧急会议。我当时是更楼公社共青团委副书记、农业技术员。当我听到广播后，立即赶到公社参加全体干部会议。公社党委书记方金财在会上说：“接建德县委、县政府通知，根据气象预报，今晚至明天还将持续大暴雨，各山塘水库蓄水量已超警戒线，寿昌江水上涨快，寿昌江源头长，可能要有洪灾。为此，要求公社干部及联村干部马上分头到各大队里去，召开党员、生产队长以上干部会议，动员党员、生产队干部和群众要立即行动起来。一是分头到各村山塘、水库检查水库、山塘储水情况，确定落实每个山塘、水库要有专人负责值班。二是加固山塘、水库、堤坝，以防山塘、水库水满坝和溪流水满堤损毁农田农作物粮食。三是对部分山塘、水库泄洪道不深的，要加深清理泄洪道，确保山塘水库泄洪，保证山塘水库安全。四是于合、张家、新市、后塘、黄岙、黄泥墩等寿昌江沿线村要动员群众撤离家园，安排到高处点，对沿线村生产队仓库粮食牲畜牛等，组织尽量转移，安排好，不受损失。会议结束后，全体在职公社干部立即连夜赴各大队去开会及上门动员落实防洪工作。”我当时是跟公社党委副书记沈芳贤联系后塘大队（村）。为了加强于合、张家大队动员群众撤离，根据公社党委领导安排，我与联系张家大队干部熊友政一道到张家村，重点动员何家、徐家自然村（一、二、三生产队）粮食转移，群众撤离到320国道内的公社砖瓦厂。2日深夜至3日上午，我们与张家大队党支部、大队领导召开生产队长、党员会议，传达公社党委对防洪抗灾意见指示后，结合张家大队，重点是动员何家、徐家自然村和张家村群众和生产队粮食等转移。我是负责到一、二、三生产队协助动员群众撤离转移到320国道内的公社砖瓦厂工作。当时，何家、徐家3个生产队群众侥幸心理比较大，年纪大的群众都说，我们何家、徐家自然村地势高，即便江水暴涨，我们自然村也不会被淹，你们干部放心。通过我们与大队、生产队干部、党员反复动员并告知寿昌江上游水位猛涨实情，大部分群众陆续转移到公社砖瓦厂内进行安置。3日上午10时左右，何家、徐家自然村来不及撤离转移的群众有几十个人爬到何家自然村口大枫树上，当时洪水淹没320国道水深近1米。

3日下午两三点钟左右，上游于合田畈的洪水还在上涨，已被淹没的农民住宅和生产队附属房屋因泥墙浸透后开始倒塌，群众看到自家房屋倒塌情景后的凄凉哭叫声直让人心酸。洪水涨退已在3日晚上，第二天，也就是4日早上，我翻过砖瓦厂后面山到骆村村，从铁路上到更楼公社汇报3日洪水受灾情况。

4日，公社党委听取各大队受灾情况后，马上布置干部继续到各大队检查统计受灾实情，安置房屋倒塌农户群众住宿、生活，动员向受灾严重的群众捐物捐粮，号召各生产队干部群众投入到生产自救中，恢复被洪水冲毁的良田、渠道、机埠、电力设施，抢种抢收。

“八三”洪水后，建德县委、县政府非常重视，动员、号召省、市厂矿企事业单位支援抗灾，帮助群众恢复生产设施，捐物捐粮。当时我记得更楼化工厂、建德水泥厂、衢化石马石矿等在更楼地区的省、市、县企业帮助受灾严重的大队恢复生产、生活。尤其是“八三”洪水冲垮了更楼至石马的更楼大桥东桥头公路无法通行的紧急情况下，衢化石马石矿、建德水泥厂领导十分重视，立即派矿车运矿石填筑被冲毁的桥头公路，确保人们通行和新市、黄岙、王里源、石马大队（村）抗灾恢复生产的运输通行。

受“八三”洪水的影响，我记得淤堨、张家、更楼、黄泥墩4个大队泥墙住宅房屋、生产队仓库及附属房屋约400余幢倒塌，冲毁生产队、大队河堤坝10000多米长，冲毁倒塌堰坝60余处，山塘水库满坝倒塌30多个，冲毁稻田3000多亩，受淹农作物面积5000余亩。

“八三”洪灾后，更楼各级党组织的党员干部、生产队干部、共青团员及群众齐心协力，团结协助抗灾，恢复灾后重建，涌现出空前的正能量。为了使受灾粮食生产不受影响，在各级领导和省市厂矿企事业的支持支援下，抢种耕种水稻3600余亩，对无法种水稻的良田，改种秋玉米、荞麦、大豆3000余亩，被冲毁的农田水利设施都在8月底前得到了修复，确保了灾后农业丰产丰收。灾后近一年左右，受灾倒塌房屋、生产队仓库附属房屋都采用横纲炉渣混凝土恢复了重建。

“八三”洪水中的张家村

□ 张祯祥

更楼公社张家村位于更楼公社南端1公里，上接淤堨村，下连更楼村，全村人口1120人左右，农户267户，耕地面积710余亩，320国道往村边通过。全村共6个生产队，分布于何家自然村、下徐自然村、张家自然村3个自然村（何家为第一生产队，下徐为第二、三生产队，张家为第四、五、六生产队）。有党员8名（吴兆华、吴益勤、卢根土、施顺贵、徐昌盛、徐荣根、张喜云、张祯祥），设三人党支部一个，支部书记吴兆华、副书记施顺贵、委员卢根土。建革委会组织一个，由施顺贵、董长生、卢如林、张祯祥、方有苟、何冬海、纪荷妹7人组成，并由施顺贵任革委会主任，董长生任副主任，何冬海分管民兵工作，纪荷妹分管妇女工作，张祯祥分管村会计、青年团员工作。

1972年7月28日至8月1日连续5天的阴天，但无雨无风，一些老人就有一种预感天气不正常，老天爷将会带来一场灾难的可能性。当时各生产队正忙于“双抢”（抢早稻收割和抢晚稻插种）的关键时刻。果然在8月2日中午就下起了倾盆大雨，直至晚上下个不停。3日早晨，寿昌江洪水猛涨，我村接到更楼公社党委通知：立即组织人员动员住居在下徐村、何家村除劳动力外的全部男女老少一律进行转移。当时公社派出的领导张银根、联村干部熊有政同志立即召开紧急会议，组织村两委成员下到下徐村、何家村进行挨家挨户的思想动员。水位越涨越高，转移任务越来越重，到了中午时采取了连推带赶的强制执行措施。到了下午1点钟左右，下徐、何家两个村除留下部分劳动力外，其余人员全部转移到张家村下坟山上更楼公社农场仓库房屋内。雨还在下，水还在涨，下徐、何家已被包围在洪水之中。张家自然村也开始动员：一是组织劳动力抢救仓库里的粮食；二是男女老少往山上转移。当到了3点钟左右时，上游的淤堨大睦坝被冲塌几百米时，洪水就朝张家村方向滚滚奔来，结果造成张家3个自然村被洪水包围在汪洋大海之中，像3个孤岛浸没在水中。此时，凡水位到泥墙、墙脚的房屋、厨房、猪栏、厕所及生产队的粮仓一幢一幢地被洪水冲塌。特别是寿昌江大浪滚滚，由上游漂来的大量树木、木材、稻草、家具、农具、房屋材料、人寿棺材、杂物等等，势不可当地冲往新安江。当老人、妇女、孩子看到自己的房屋被冲倒时，哭喊声此起彼伏，一阵又一阵，其状惨不忍睹。何家村留下的劳动力，在这时由联村干部熊有政同志带领，逃到村旁一座大坟堆的两棵大枫树上面。下徐自然村也被包围在2米左右深的洪水之中，人们只能躲在几栋砖头做的房屋楼上，张家村群众部分转移到山上的农场和骆村的山后村农户家里。直到晚上9点钟左右，洪水才慢慢退去，320国道才露出路面来。10点钟左右，市委领导王敬书记带着几人坐一辆吉普车，还带着面包、馒头到我村进行巡视和慰问。

4日天亮之后，洪水才退。这次“八三”洪水是张家村在几百年历史上的一次罕见的大洪水，也是张家村受灾最严重的一次。根据灾情统计，全村6个生产队的粮食仓库全部倒塌，收割回来的稻谷全部在倒塌的废墟里；全村有84户农户的泥墙房屋全部倒塌，半倒塌农户有40多户，凡泥墙建造的厨房屋、猪栏屋、牛栏、厕所等全部倒塌，造成80多户农户无家可归；全村267户受淹，下徐和张家两个村，水深在1.5米到2米左右，张家村地势稍高一点，水位深度在1米至1.5米左右；全村710亩耕地全部被洪水淹没，几百亩良田基本上变成了砂砾地，冲走良田十几亩，没有收割的早稻被埋在淤泥中；冲毁堤坝1000多米，渠道损失1000多米，淹没机埠2处，冲走生猪20多头。总之损失之惨是历史上空前的。但“八三”洪水发生在白天，加上上级政府领导、村两委发动群众转移之及时，故张村没有一人被洪水冲走和死亡。

4日洪水退后，每户家里、路上淤泥厚达几寸、几尺，大部分种下的晚稻被埋在淤泥中，有的田块全部被埋或被冲走。在这种情况下，4日上午，村两委在公社领导和联村干部的指导下，马上召开会议，立即决定：一是首先安置84户房屋全部倒塌无家可归的农户生活及居住工作，动员没有倒塌房屋户头，不论楼上楼下、堂前屋后，除本户自家居的地方外，一律腾出地方让给受灾户安排居住，并逐户落实。二是对仓库倒塌的生产队组织劳动力进行粮食抢救。三是当时双抢还未结束，动员全村所有劳动力争分夺秒地降低最低损失，把晚稻和秋作物种好。四是安置好全村群众生活，特别是解决全家被倒塌的农户吃住问题。五是村两委两套班子合理分工，明确责任，发扬不怕困难、自力更生、艰苦奋斗的精神，组织各生产队所有劳动力抓好生活、生产等各项工作，使灾情降到最低限度。

张村在县委县政府及更楼公社党委的英明领导和直接关怀下，8月4日，更楼化工厂、建德水泥厂、巨化石矿3个单位的领导和给我们送来了米饭、面包和菜，解决无家可归的农户的吃饭问题。5日，更楼化工厂派出汽车到6个生产队把仓库倒塌的湿谷运送到建德化工厂、建德化肥厂、建德森工站、县委门前等地进行翻晒，张村由村革委会副主任董长生同志在新安江统一指挥、统一安排场地。在晒谷期间，受到了新安江的县所属单位、新安江居委会的大力支援和帮助，建德化工厂还解决了张村全部晒谷人员的膳食问题。多数居民户还送上饭菜、开水，傍晚还帮助收稻谷，直到晒干为止。5日中午，党中央、浙江省政府、杭州市委市政府派出直升机到张村上空，空投了慰问信、饼干、药品等救灾物资，省军区杨副司令员还来我村视察慰问和指导工作，并动员广大群众、干部、党员发扬“一不怕苦、二不怕死”“自力更生、艰苦奋斗”及桐庐南堡人民的抗洪精神，召开重建家园的动员大会。在大会上，支部书记吴兆华、革委会主任施顺贵及青年、民兵、妇女代表在会上表了决心。由县委牵头，用汽车、火车从兰溪、衢州、绍兴、义乌等地送运来的晚稻秧苗分给各个生产队进行补苗、种苗，各队随即组织劳动力开展挖苗、洗苗、补苗的劳动。因晚稻季节性问题，凡没有种上晚稻的田块，立即改种为秋玉米。县粮食局给张村调配了玉米种子，县生产资料站调配了化肥、农药。附近的邓家公社还组织了劳动力，牵着耕牛来我村帮助各生产队种秋玉米。

“八三”洪水之后，首先对全村 84 户全倒塌户进行一户一户地安置。为便于生活劳动的需要，下徐村的农户首先安排在下徐的几座未倒的砖木房屋内，何家村的首先安排在何家，安排不下的安排到张家村，最后剩下的邓顺清一户 7 人安排在一间凉亭里，还有汪连根、张小开、施顺富、张如生、董小根 5 户安排在村一幢 3 间的破庙内。

在安置工作告了一个段落之后，张村两委干部遵照上级指示精神，研究调查并统计洪水的受灾情况。根据各户不同的受损情况，安排了生活补助款、建房补助款、建房木材补助及冬衣补助等各项工作。特别是全倒塌的农户重建家园建造房屋问题，村两委和公社领导干部多次召开会议，动员倒塌农户到山上建房的设想，最后做了广大倒塌户的思想工作，倒塌户就同意迁到山上建房。在 9 月份之后，就陆续开始一户一户地落实具体位置，下徐、何家村安排到寿昌江对面的山脚地，张家村安排在张家的下坟山上建房。直至年底，张村受灾户 80%完成建房工作并住进了新房。

1972 年，张村虽然遭受了洪水灾难，但在党中央、省委、杭州市及县委、更楼公社的关怀、支援、帮助下，在村党支部、革委会、全体党员和广大农户的努力下，克服了重重困难，当年的粮食还是获得了大丰收，秋田玉米达到了 400 斤一亩，广大农户心情舒畅，高高兴兴地度过了这一灾年。

苦战“八三”洪水

□ 邹松林

1972 年 8 月 3 号是个难忘的日子，寿昌江暴发了历史上罕见的特大洪水，原更楼公社黄泥墩大队遭受到历史上空前的洪水灾难。

由于短期内连降暴雨，艾溪河水猛烈上涨，漫过了堤坝。洪水到来前，上游明显吹来潮湿的风下口，听到由远而近如火车轰鸣般的水声，猛烈的洪水像一匹脱缰的野马在咆哮发狂，后来加上新安江河水倒灌，黄泥墩村就成了汪洋大海，村庄被淹没，房屋倒塌 48 间。整个大队冲毁良田 1000 多亩，衣服、被子、猪、鸡、鸭无数，粮食 10 万余斤。当时我是部队退伍军人，黄泥墩村党支部书记，更楼公社党委委员，遇到这种情况，连忙召开大队党员大会，分工和组织青年突击队，发挥党员的先锋模范作用和青年突击队作用。我负责全面工作，把部队优良作风和革命精神传下来，要求大家发扬“一不怕苦、二不怕死”的精神。我们分两个组：一组由村大队长江炳奎负责，先把老弱病残和孩子们送到原大队仓库安定下来；一组负责抢救生产队的粮食、农机具，使损失降到最低。在关键时刻，我同公社的徐秋菊同志一道扎好木排，撑排到洲地上去拉下变压器的闸刀，使水里无电，保护人身安全。洪水冲刷带来很厚的淤泥，在退潮时，我就发动男女老少，采取利用退水，边退潮水边洗秧苗。老的有 80 来岁，少的是 12 岁，补苗、施肥、防病、治虫。灾后为抢季节，动员灾民先住大队仓库里，先恢复生产再重建家园。在种植上，我提倡有水走水路，种水稻；无水走旱路，种玉米。由于我安排救灾及时，没有一个因受灾而外出逃荒要饭的。黄泥墩自然村地形比较低，开始是水直冲，后来新安江的水倒流，黄泥墩就成了汪洋大海，水后的淤泥适应种玉米。

一方有难，八方支援。灾难当头，县里指派建德化工厂由吴光生领导负责送来了热饭、热菜，黄泥墩受灾群众感动得流下眼泪，都说“共产党好，社会主义好，工人老大哥好”，我也感动了，说要感谢上级党委的关怀，感谢工人老大哥的大力支持和帮助，我们要自力更生，以实际行动克服困难，恢复生产重建家园，力争抢季节、夺高产。季节就是粮食，劳动力不足怎么办？我就向县委联系，请帮助解决劳力不足问题，县委张书记就到邓家公社调来了 100 多名劳动力，解决了劳动力问题。我就把这些劳动力分配到各生产队，安排好吃住，使我们的种植没有超季节。

为了感恩，我就召开了党员队长会议讨论，准备杀 10 只猪给建德化工厂（那时肉紧张），送给邓家红旗水库稻谷 2000 多斤。我村党员队长一致同意我的意见。建德化工厂在我们抢种后，为我们搭好简易棚，可以自己烧饭菜，再不用他们送饭菜。

县消防大队也很及时地赶来冲洗生产队晒谷场、饮水井和灾后消毒，使灾后没有一人生病。由于管理及时，当年大队粮食大增产。为感谢党，感谢县委县府领导和各行各业的大力支持，黄泥墩村卖了光荣粮 45 万斤，受到杭州市的表扬。我还出席了杭州地区的群英大会，奖励了一台手扶拖拉机。县委张书记也很关心，他在种植时看了一次，管理时也来看过一次，收割时也来一次，感到很高兴。

灾后，我们大搞农田基本建设。一是加固大河坝，二是平整土地改真田，这样可以用机械化操作。从那以后，县水利工程队怕洪水冲掉电杆给我们村安装地缆线；县农机公司来搞机械化，机器收种。建德化工厂同我们建立了深厚的无产阶级感情，每年双抢都来帮忙，还种试验田。“八三”洪水教育了一批人，锻炼了一批人，体现了社会主义优越性，以及爱党、爱国家、爱社会主义的好思想。后来，受灾户到下游新安江去认领被洪水冲走的木料，没有出现多领的现象。

“八三”洪灾碎片记忆

□ 凌至善 口述　杨吉元 整理

［题记］那天，我去大同镇徐韩村采访，原先联系好的采访对象突然对我说，1972 年的这场洪水，溪口村受灾更为严重，他已经约了溪口村的一位叫凌至善的社员过来，让他来说说那年往事。见到了凌师傅，他个子不高，衣着朴素，始终微笑着，非常面善的一个老人。我说明了来意后，不善言辞的他似乎回到了洪水发生的那年，慢慢地和我聊起了当时的所见所闻和所历。

每年 7 月底到 8 月初，进入“双抢”时节，是我们农村最为繁忙的时候。水稻收割过半，但还需要插秧、晒谷等扫尾工作，还有大量的事情要做。

记得那几天连续下雨，山塘水库、河流干道、土地墒情都已经饱和。8 月 2 日晚上，轮到我值日看守仓库，那时堤坝内外已经一片汪洋，水稻全都浸泡在水里。广播不断地播报着天气预报，告诫大家注意天气变化。

3 日一早，雨越下越大，水位越来越高，河床里的洪水如猛兽一般向下翻滚。我们村前面小溪的河床很高，眼看就要漫堤，情况十分危急。西边自然村民房早就泡在水里，社员发现情势不对，开始搬家。有的拎，有的挑，有的背，大家将坛坛罐罐、衣物细软，悉数转移。牛猪、鸡鸭等赶往地势较高位置，床铺、谷柜等大型物件大家互相帮忙一起抬，老人、小孩也都安顿到安全的农户家里。

大概上午10点，雨下得更大了，眼前一片雨幕，根本看不清天和地。河道太窄，加上水面夹杂大量的漂浮物，来不及排泄到下游，水位全面抬高，浑浊的洪水已经全面漫过溪口村的河堤，变成了一排排的黄色瀑布。我值班也已经到点，想到了家人，准备回家。我看到村庄变压器边上的河堤突然决口，凶猛的洪水越过堤坝，滚滚向前，一路狂奔，然后向四周扩散开去。被洪水冲击的房屋不时发出倒塌时的巨响，接着一团烟雾升腾起来。我吓坏了，用力划水游泳逃命。筋疲力尽，好不容易回到家门口，才长舒了一口气。回家后，我这才发现我家已经聚集了近百人在此逃难。

8月2日和3日，我经历的洪灾情况大体就是这些。不过，我还有不少片段式记忆，讲出来给你听一听，说不定也有点用处。

片段一：我祖上的条件比较好，正房是晚清砖木结构，与村里很多人家里都是泥墙屋不同，这种房屋坚固性相对比较好。虽然我家地势比较高，但当时底层最高地方水深也已经达60多厘米。大家纷纷上楼避难，突然两声巨响，房子发生剧烈晃动。我说完了，房屋要冲走了，但奇怪，过了好一会儿，房屋竟安然无恙。原来，受洪水冲击，屋后和自家厨房泥墙冲塌，重重地砸在正屋上，被砸出两个4米见方大洞。楼上的大大小小吓得魂飞魄散，女人小孩哭喊着，男人们脸色铁青。幸运的是，最终房子还是挺了过来，众生逃过一劫。

片段二：我那时比较年轻，去帮隔壁邻居抢搬家具、背老人等。没料到的是，厨房和猪栏屋却倒塌了，厨房里的物件和两头生猪全部压在房屋下面。房屋倒塌了，四周开阔，水面上急速漂移着房梁、家具、农具、牲口、瓜果、蔬菜，特别是稻草、树枝等。雨渐渐停了，高位的洪水持续大概不足一个小时，便开始慢慢退去，露出水面的一座座小山丘，每个山丘其实原来都是一幢幢泥土房。奇怪的是，我意外发现，家里养的两头大猪站立在离家不远处的土丘上。它们是怎么发现洪水的？怎么从猪栏里逃出来的？怎么晓得逃到这个土丘上的？我至今还不明白。

片段三：俗话说得好：“一方受灾，八方支援。”这是百年一遇的一场洪灾，损失非常惨重。房屋倒塌了，无处可去，只有靠亲友帮忙，政府安排。没有倒塌房屋的农户，还有祠堂、学校等公共场所，都无偿腾出位置给灾民居住。当时，我家楼上也安置了两户人家，吃喝拉撒都在一起，虽然生活不便，但我们一家也感到欣慰。

片段四：大概是5日或6日，从上马方向传来巨大的马达轰鸣声，由远至近而来，一架直升机在低空盘旋。我们农村人，第一次近距离看到飞机，都非常好奇和激动，大家追赶着，呼喊着。听说飞机是来投放救灾食品，更是激动万分。后来果真看到从直升机上撒下来一些纸片，原来是一些传单，内容大多是政府慰问及鼓励灾民克服困难、生产自救之类，传单上注明发放单位为：浙江省军分区。

片段五：洪水突然而至，前几天刚收回的稻谷还来不及晒干，更来不及转移，它连同仓库一起淹没在水中。洪水退后，生产队从污泥中扒出稻谷，由于被水浸泡，几天之后稻谷便已发芽。生产队忙着生产自救，没有办法，决定直接将稻谷分到各家各户，由社员自行处理。你也知道，这种发了芽的稻谷其实是不能吃的，不用说给人吃，就连给牲口吃，弄不好也会中毒。但在那年代，物资严重匮乏，这是救命的粮食，谁家会丢掉啊！

片段六：洪水过后，从上游漂下来数不清的杂物都搁在田野村庄里，生产队集体组织去清理，其中有很多诸如箩筐、畚箕、锄头、饭甑之类的家具农具等，我们都集中在一起。如果上面有真实具名，被大家确认并能找到主人的，我们都亲自送回到灾民手中。

片段七：之后的整个冬春都在修复堤坝，水毁的良田上都覆盖着沙石，原来水碓前后、后秧田、青山庙下的农田都是黏土性质，干活很费劲。这次洪灾挟带下来的大量河沙与这里的黏土混合，反而彻底改变了这些地块的土质，易耕易种，导致粮食产量提高。这叫因祸得福，坏事变好事，只是这个代价实在是太大了。

片段八：大约是洪水过后两三天，有一个人一路狂奔，大喊大叫着“石堂水库溃坝了”。大家不明真相，纷纷丢掉手中的活，边逃边喊溃坝了。那时，我老婆坐月子刚几天，我听到消息后，二话没说，一口气背起老婆直奔东山头，在一棵栗子树下歇下来；摇篮里刚出生不久的女儿，由我父亲随后也抱了出来。好多年之后，我女儿还曾经当面来追问过我这件事，让我哭笑不得。原来女儿的阿姨在她小时候和女儿开过玩笑，说你父亲把母亲背出去逃命，把你一个人留在床上不要你了，随你让洪水冲走。水库溃坝其实是造谣，后来听说那人被抓进去过，具体不太清楚。

大灾面前“三要三不要”

□ 杨干城 口述　杨吉元 整理

我叫杨干城，溪口村人。“八三”洪水时，我26岁，后来又当过村干部，所以对全村情况比较了解。

20世纪70年代，溪口大队属公社政府所在地，溪口大队为管理委员会。当时溪口大队领导班子人员主要有：书记翁豫正，支部委员郭开高、商成香、王国均、叶玉芳等。

溪口大队有人口1700余人，良田980余亩，450余户人家，15个生产小队。

溪口大队地形地貌比较特殊，村前有三条溪环绕经过：大溪从长林乡、衢县分界，水流直达溪口大溪；另一条从万圣村与衢县交界，水流直达溪口溪；东面一条溪从石门庄村与龙游县分水岭水流到大桥口汇合。三条溪最终汇合在溪口大溪，呈漏斗状，成为积水量大的主要原因。另外，原溪口大队民房集中，地势低，甚至河床高于村中地势，这也是造成洪灾严重的另一个原因。

1972年7月底，各生产队起早摸黑，抢收抢种，早稻大部分已经收割进仓，开始进入紧张的晚稻种植培育阶段。7月份这一段时间，连日阴雨，山塘水库水位已经较高，基本处于满库状态。8

月2日到3日，两天两夜倾盆大雨，河水骤涨。随着雨量不断增大，上游的大水汹涌而来，下游泄洪越来越困难。

3日中午时分，可怕的险情终于发生了。官塘堤首先决口，紫坛河堤接着决口，最后西边河堤也决口了，汹涌的洪水如猛兽一般冲入村庄。顷刻间，溪口大队的农房接二连三轰然倒塌，牲畜、家禽、财物被水卷走，全村一片呼天抢地之声。值得幸运的是，洪灾并未造成人员伤亡。

这次洪灾，后来称为“八三”洪水。全村15个生产队的11个生产队、5大自然村、133户农户受灾，倒塌房屋354间，建筑面积达11520平方米。全村近400亩农田被毁，已成一片滩涂。6个生产队仓库倒塌，大部分生产队仓库进水，刚收割的早稻粮食全部被埋或被浸，发生霉变。村粮食加工厂、面条作坊、医院学校等基础设施严重损毁，被淹牲畜、家禽和被冲走的生产生活用品无法统计，经济损失难以估算。

面对如此特大灾难，洪水刚过，溪口公社、溪口村管委会及时召开稳定动员大会，翁豫正书记在大会上作全村动员报告，布置灾后自救工作，并作了“三要三不要”的重要指示：

第一，要树立重建家园的信心，不要有外出逃荒等消极悲观的思想。

第二，要相互救助帮忙，不要浑水摸鱼，趁乱拿取他人财物。

第三，要自力更生，马上开始生产自救，不要有“等、靠、要”（政府救济）的想法。

会后，一场蓬蓬勃勃的生产自救行动马上开始了。

首先，与时间赛跑，对被毁农田复垦复种。大家夜以继日，肩挑背负，男女老幼齐上阵，清理淤泥，补种玉米等农作物，希望增加秋后粮食收入，减少损失，争取做到受灾不减产。

其次，本着互帮互助的精神，重建家园。房屋倒塌的农户临时全部被安排到房屋未倒塌的农户家里以及祠堂等公共场所，劳力、粮食、木材、房屋基地等各方面进行相互调配，全村开始修建房屋，尽早让受灾农户住进新家。

通过几年的艰苦奋斗，我们大队终于在废墟中重获新生，老村落恢复，按照规划，新建了东山头、大桥边、竹叶坞、万佛寺等自然村。

我们溪口村民风淳朴，干部尽责，历届村领导几次修理堤坝，特别是经过近几年的科学设计、升级改造，堤坝抗洪能力显著提高，从而基本解除了洪水灾害的危险，“八三”洪水的历史将不复重演。

回忆历史，不忘伤痛。如今，当感慨“八三”洪水之凶猛时，我们更被当时村民自力更生、自强不息、互帮互救的精神所感动。我等后辈当永远记之，并以此为激励，奋勇前行。

“八三”洪水亲历记

□ 孔玉云 口述 杨吉元 整理

要说“八三”洪水，那还得先从头一天讲起。我记得从2日晚上大概11点钟左右开始下雨，一直下到第二天早上5点多，才停了一阵子。停了不久，又开始下雨，那雨好像从天上倒下来一样的，木姥姥大。

我爸爸说，雨这么大，有可能要涨大水。

当时我家有8口人，吃口重，生活苦。我们家既是地农，又是菜农，就是说平时主要在生产队干活，空闲时间到家里自留地种点菜卖。3日这天，我爸爸一大早就吩咐我们一起去地里割韭菜，准备拿去卖。回来之后，早点烧饭，打算吃了饭再去地里。刚端起碗吃了一半，生产小队突然通知，要全体社员马上去抗洪救灾，一是抢稻谷，二是在现在的东昌社区门口用草包装上石子，拦起一道小土墙。

我家住在东门村的桑园路，就是在横钢火车铁路边上。中午，突然之间，上游的大水从西门街方向朝我们村这边猛扑过来，水面浑浊，夹带着大量的稻草、木头、农药瓶等之类的杂物，这些漂浮物都被堵在铁路边，整个东门村变成了“太平洋”。如果没有铁路阻拦，我们这边的洪水应该没有这么大；也有人说是七里岗阻隔的原因，后来被打通，寿昌江水就顺畅了。

家里很快就开始进水了，我们也想到了搬家。家里几个整劳动力必须到生产队去抢谷，如果不去，那就要吃批评，还要罚工分，谁敢啊？我们家有一只谷柜，东西重，又没有时间搬了，要是搬了也没地方放，外面都是大雨啊！我爸爸说，干脆找几块石头压一压，等洪水退后再说。后来，连三间房子都冲走了，那谷柜也不知道去了哪里。几天之后，一直寻到下游，在新安江里发现了谷柜。你问怎么知道是我家的？以前每家每户柜子上都写有名字，我家谷柜上还有我爷爷的名字呢！

这场洪水，还死了好几个人。那天傍晚，我和爸爸出门去，在铁路边一根电杆树下，看到有一个人躺在水里。我想想肯定死了，我爸爸也不怕，他说穿着工作服的，估计是横钢工人，他将尸体翻了个身，仔细一看，是个女的，西门人，寿昌街上都知道这个人脑子有问题。

几天之后，我们去种田，发现那地方很臭。当时，镇里的何书记也在场，大家便走开去找，果然在另一丘田的渠道里发现了尸体，两夫妻一个儿子，外地人，租住在这里，在棉棕厂弹棉花，做手艺的，又没人知道，一家人全没了，真罪过啊！

你问的东门村另外 3 个女的，大家都晓得的。一个是周凤祥妻子，一个是杨樟贵妻子，还有一个老人是杨小香妈妈，接生婆。她们在田野里逃命，分不清路和田了，结果不小心掉到深水里，又不会游泳，就这样死掉了。

那大水来得实在太快了，我们都吓得乱跑，当时大家逃跑的情景至今还想得起来。

我家隔壁有一个女的，她一手拎一个饭甑，一手拎一只马桶，拼命地跑。我已经吓得两腿发软了，她却拎着这两样东西，想想都好笑。

大水来得凶，我看到横钢铁路两边好几处石岩都被冲刷了下来，铁轨露出，枕木架空。我们村有一个支部书记，他的小舅子听说这边发洪水，便来看姐姐姐夫。一个人在火车路上走，不小心一脚踩空掉了下去，还好他双手抓住了枕木，就这样悬挂在枕木上，喊着救命，那时路上没有什么人，又听不到他的声音，他挂了一个多小时，才被人救了下来。到了支部书记家，姐姐得知这一情况后，姐弟俩抱头痛哭，说万一出事了，我都不知道你来看过我们呀！

那时我们村的房子都是泥墙屋，全倒光了。和我同年一个姑娘，她家房子地势要高一些，大家都以为她家房子没事，但是，那天也突然倒塌了，全家跑到房顶上。有一个小队长，很年轻，他蛮喜欢这个姑娘，看到她躲在屋顶，他跑过来说要来救她，结果踩到了玻璃，脚上血淋淋的。那水来得太快，他发现有一根电杆树，电杆树上有电焊的一级一级梯子，他只好顺着梯子爬上电杆树，一只脚踩在那里，也挂了好几个小时。本想来救姑娘的，结果自己还需要别人来救他。

当时家里搬出来的一点东西，都放在火车路边上，那里位置比较高。雨一直都下着，全身湿透了，我站在那里看守东西，肚子饿了，用田箍砸一个漂过来的西瓜、甜瓜，吃上几口。吃的多了，又想上厕所，对女同志来讲，又很不方便。

火车站附近有一支部队，叫6359部队，不知道他们具体住哪里，干什么的。发大水之后，他们也来帮助我们。那年我18岁，在生产队养猪。队里有两只老母猪，生了7只小猪。发大水了，部队赶过来帮我们将猪赶到了火车铁路边上。有一件事印象非常深刻，我们村附近有一口井，100多年了，有一个当兵的，他跑过来，因为不熟悉我们这边地形，一脚踩空，哎呀一声，痛得他直叫，然后就站不住了，我猜测他当时脚断了，其他战士只好把他背到高处。现在想起来都感到可惜，比我大几岁吧，现在应该70多岁，不知他后来的脚怎么样了。

那几天政府也派来飞机，还投下一箱箱物品，里面有吃的穿的，好像物品都放到南门高处，但我只拿到过两块饼干。

镇里派来两个驻队干部，说是来指导我们抗洪救灾。他们每天来生产小队，和我们一起出工干活，种田啦，分谷啦，跟我们老百姓做一样的事，关系很好。

家里房屋倒掉了，没地方住，当天晚上我住在支部书记家。过几天，我们就开始建造简易棚。父亲是泥水匠，砌石块，搭棚住，灶头做在外面，条件相当苦。姑妈叫我住她家去，没去，她天天给我们送早饭来。我妹妹住在她家，她还小，哭着要回家，姑妈对她说，家都没了你住哪里去？

洪水在傍晚就慢慢退去了，我们一方面重新建房，另一方面还得抓紧抢收抢种。抢收，主要是退水后，大家去抢稻谷，谷子在水里浸泡过，一发热，谷芽已经好长了。那年代没办法，不能倒掉啊，大家还是抢着晒干。后来稻谷分到每家每户，加工成米来吃，肚子都会痛，不吃又没东西可吃。抢种，离立秋只有四五天时间，秧苗必须在之前全部下田才行，否则双季稻就颗粒无收了。那洪水是咸的，有毒，那时没有条件进行如药物、石灰之类的消毒，当时我的手指头全部烂了。你看，我这根手指有一个伤疤，当时肉都烂起来了，刚好杭州医生来慰问，给我搽了一些碘酒，后来就好了。

我经历过的“八三”洪水，想得起来的主要就是这些，真的写一本书都可以啊。

“八三”洪水印象

□ 蒋双和 口述　杨吉元 整理

我叫蒋双和，东门村第五组人，家住寿昌东昌路上。

1972 年，那年我 32 岁，已经结婚，有一个儿子，8 岁，两个女儿，小的才 3 岁。我的妻子一边在家做家务、带小孩，一边在生产队劳动，种点蔬菜供应给蔬菜公司，赚取工分。我在寿昌镇五七运输队当搬运工，按劳计件，多劳多得，比方 600 多斤货拉到新安江才 2 块多钱。我们每月上交 36 元给生产队，1 元 2 角钞票买生产队 10 个工分。那时条件，一个字：苦。

要讲起“八三”洪水，都不晓得从哪里讲起了。

记得前一日，也就是 8 月 2 日开始落雨，开始雨不大，到晚上转为中雨。

8 月 3 日早上，好像也还没有发大水的迹象，我跟平时一样，推着手拉双轮车到单位，将寿昌氨水池这边的农用氨水拉到 5 里外的溪坑口代销点去。

做了半天活，就回家了。我们农村吃饭比较早，大概在 10 点半光景吧。我们一家正在吃饭，吃到一半，突然发现门前有一股黄水流过来。我马上跑出去，一看，只见整个东昌马路上满是大水，大水从中山路那边街上一路流过来，水势很大。

起初还只是有些好奇和吃惊，不晓得怎么回事，不到一个时辰，水位越来越高。当时，我家有3间泥墙屋，只有一层高，屋里很快开始进水。我一看形势不对，和老婆商量，说马上要转移家中财物。

当时，寿昌镇有一个单位叫矿务局，与镇政府相邻近，只隔一堵围墙，那里地势相对高一点，离我家比较近，只有几百米，我们决定把东西搬到那里去。

说是搬财物，其实那时每户人家都很穷，也没有什么值钱的东西。我将衣服床铺、桌椅凳子、锄头铁耙以及一些日用品装上独轮车，然后一趟趟来回地跑。

刚开始，街路上的水还是平铺，到现在我都不晓得啥原因，水来得很快，一下子就到了膝盖部位。最后一趟，我看到家里还有两只六七十斤的猪，只见它们缩在一个墙角，一动不动，好像也吓坏了。我走上前去，它们也不逃。我当年年纪轻，又是搬运工，力气大，一手一只，抓住它们，顺手放在车子上。又瞧见边上还有一只鸡停在灶头上，奇怪，那只鸡和猪一样，也待在那里不动。雨一直下着，我们戴着笠帽，穿着蓑衣，浑身全湿了，但也没办法，也不知道哪里来的力气，蹚着水，一路到了矿务局宿舍。大概到了下午一两点钟，水位已经快到大腿部位，家里还有一些杂物，但洪水太大，已经非常危险，我们也就算了。

我们站在矿务局稍高的位置一直看着洪水，这时，整条街上已经汪洋一片，水面到处漂着稻草、树木、纸箱以及各种各样的杂物。

大家不断议论着洪水情况，说是大水从大同、溪沿、石板桥、西门方向流过来的。有人说，这洪水太突然了，只有两天多的时间，下雨并不长，雨量也并不大，但却从来没有见到过如此大的水。

你要说原因，主要是当时田里稻草太多。当过农民都懂得，立秋之前一定要把秧苗种下去。那段时间，稻谷都已经收割完，没有晒干。田里堆了大量稻草，还是农忙，还来不及处理，都要等抢种完之后再去处理稻草。雨一落，田里稻草浮上来，都被冲到寿昌江里。水流夹杂着大量稻草、树枝、杂草一拥而上，堵塞了桥梁涵洞，大水来不及下流，造成大水向两岸平铺，流向寿昌街上。当时寿昌江上有好几座桥，比如石板桥；寿昌江上铁路拦截水流也是一个原因。另外，七里岗山脉在下游转了一个弯，水流不畅。后来，寿昌江堤坝炸掉，七里岗打通了，洪灾也就没有了。当时还有一种说法，非常神奇，老百姓说，上游大同的下马桥石岩缝里有一条龙，我们叫“精怪”，那天出来作孽，造成洪水，这肯定是迷信的说法。

到了下午三四点钟左右，我突然听说有人淹死了，就在我家前面不远的地方。我马上赶过去。一起冲走的是 3 个人，都是女的，她们住在前面菜园地那一块。名字记不得了，其中一位是老太婆。中间是田塍路，两边是田，不晓得她们为什么到那里去，因为水面白茫茫一片，分不清田和路，一起被水冲到田里，女的人又不会游泳，被淹死了。当天水退下去之后，才发现尸体。旁边还有一个水塘，还好没有掉塘里去，否则尸体都找不到了。

奇怪的是，到了那天晚上，水就开始退了。第二天，街上的转弯角头到处都是稻草、杂物，满街都是很厚的污泥。我家房子矮，承重轻，水浸的时间不长，房子没有倒掉。因为是泥墙屋，进水过，已经不能再住人，没有办法，只有拆掉重建。当时，大家只有自力更生，一切都靠自己。社员互相帮助是有的，要说政府补贴，一分也没有。

石板桥、西门街、寿昌镇校一带淹水比我们这边要严重得多，那边估计都有一人多深。寿昌镇校，就是现在牌坊附近那边的房子全部倒塌了，当时我叔叔在学校烧饭，人倒没事。

当天晚上之后，我们全家都吃住在矿务局车队，在那里好像住了半个多月；隔壁的镇政府也住满了人；铁路一带的农民，都逃到东皇庙住。

刚才讲的这些，就是当年“八三”洪水给我留下的一些印象，几十年过去了，想起来还心有余悸。

曹溪不会忘记你

□ 胡建文

曹溪，源出浙江省建德市航头镇石屏村玳瑁岭，因其地属公曹自然村而命名。溪水南流折东，经寺塝头又东南至航头镇埸头自然村，直至大山畈注入寿昌江。

1972 年 8 月 2 日黄昏，浙西地区雷电交加，狂雨如注。3 日早上，曹溪流域依然狂雨肆虐，终至洪水暴发。

那场洪水，将芦里生产队王樟进、王樟喜、陈德禄等社员的瓦房和茅屋被冲塌，王樟进屋后的 4 株径约两三尺的古樟树被洪水卷走。时值农田秋收刚刚结束，干枯的河道上布满一扎扎稻草。被洪水冲倒的大樟树，像是出水蛟龙，席卷大量稻草和杂物……

家住航头公社埸头村的周秋生，那年才 5 岁。洪水袭来，曹溪泛滥，姐姐背着小秋生，父亲携一家大小连同亲戚 21 人慌乱逃离埸头，奔向地势高一些的东庙山。

“那时我年少，灾难降临时，没能参与抗洪抢险，只能被长者所保护。”秋生说，“在那场灾难中，我们村里有不少的好人，他们挺身而出保护村庄，保护粮食，救落水者于汪洋中，我长大后，一直没有忘记这些人。”

岁月如梭，村里的那些“八三”洪水亲历者已有不少离开人世，后人对那段骇人听闻的往事更是知之甚少。担任航景村党支部书记的周秋生，常常四处打听，听长者讲述“八三”洪水的故事。他日积月累，把他们的故事，叠成了记忆的小船，泊在思念的心湖里。他说：“我们不能忘记那些好人。”

人物一：翁连生，时年38岁，堨头生产大队党支部书记，集体主义思想坚定，已故。

“翁连生虎背熊腰，身材魁伟，讲话很霸气，处事很公道。”秋生描述当年的大队领头人时的语气很敬佩，“他在村里威望很高，他的话谁都听，在社员中极具号召力，他所布置的事情大家都会自觉地做得很圆满。”

翁连生好酒量，重义善交友。20世纪50年代初期，他在村中与9位年轻人结为拜把兄弟，因他年长，因此也自然地成了“老大”。他的那帮兄弟对他“很卖力”，其实个个都是他在村中办事的好帮手。

面临洪水险情，翁连生很果决。他立令部分“兄弟”把守村庄沿曹溪最危险的地段；又令部分社员搬来大队文艺宣传队大铜锣，分兵在村里鸣锣报警，并帮助老弱妇幼，携带木箱、箩筐等贵重家什，火速撤离危险区；其他各生产队队长组织本队社员“抢粮食”，将刚刚收割的稻谷转移至高处。

大难当前，翁连生始终站在第一线，组织、指挥、协调很得力，堨头大队因此受损并不严重。

夜幕降临，累了一天的翁连生猛然想起，高田畈村的表兄不慎被洪水夺去了生命。他便急匆匆赶往表兄家里。表亲因此对他有误会，认为他不该如此姗姗来迟。殊不知，翁连生全是为了他的那个村，和他的社员们。

人物二：周良江，时年35岁，堨头生产大队第三生产队队长，18岁那年加入中国共产党，已故。

堨头自然村与曹溪对岸的付家自然村由木桥连接。那一天，周良江被派往桥头站岗，坚守桥头阵地。

洪水像是猛兽，曹溪两岸通往航头公社八一煤矿的简易公路兼河堤，被洪水掏空基础，公路旋即坍塌，横跨曹溪的木桥被洪水摧毁。

那天，堨头大队18岁的女社员张水珍肩负背篓在野地里采猪草。洪水袭来，她心慌意乱想过河逃回家，但溪流、河堤、道路、田野已被洪水所淹，水珍回家心切，不慎失足汪洋中……

忠于职守的周良江很警觉，他隐约望见洪水中有一黑点在漂浮移动，定神一看，那黑点原来是个人。说时迟那时快，周良江扑向洪水中，抓起那人长发，将她救上了岸。

“张水珍父母十分感激周良江救了女儿的命，他们给周良江送去了两斤面条一瓶好酒深表谢意。”秋生说，这是当年村里的习俗。

人物三：曾水有，时年50岁，东庙山自然村人，解放初期任堨头村民兵队队长，已故。

那一天，洪水漫过河堤，堨头村里的水位已过膝。秋生的父亲拖家带口逃往东庙山曾水有家避难。

曾水有做事讲原则，做人很厚道。解放初期，秋生的父亲担任寿昌县竹器厂厂长，他是民兵队长，“他俩一直以来很友好”。秋生想以此向我说明父亲为什么选择曾水有家中去避难。

秋生对他在曾水有家里“躲洪水”的印象不是很清晰，但记得曾水有一家 10 余人，秋生一家 20 余人，加之曾妻三兄弟 3 家大小 20 余人，那天住在曾水友家中共有 50 人之多，且小孩子占大半。“乱哄哄睡的是地铺，是睡在用以晒稻谷的田竿上的。”

秋生他们这些孩子因为洪水很害怕，怕得不知道肚子饿，怕得不知道去睡觉。因为屋外一片汪洋，因为害怕，孩子们脾气也火爆，于是满屋子皆为孩子们嘈杂的打闹声。

“曾叔叔不厌其烦地照顾我们，温和地安抚我们，叫我们在他家里别害怕。”

秋生言及于此不禁感叹一声：“很后悔。”

“何以后悔？”我问。

秋生默无以应，顿了片刻后道：“走，曾叔的老屋还在，我们去看看！”

曾水有的老屋，坐北朝南，有房 7 间。我急匆匆跨进已被岁月蚀成凹状的木门槛，中堂之上，是曾水有和他妻子翁春兰的遗像。

秋生望着他们的遗像许久。

秋生之所以后悔，是因为曾叔和翁婶在秋生全家面临危难时，能义无反顾地和他们患难与共，但是，两老健在时，他却没有给予他们应得的报恩之举，秋生因此很难过。

“你的心到了，他们在天上知道的。”我对秋生说。

我和秋生的悲悯之心产生了共鸣，那些过去了的都已成了怀念。

王樟进，现已迈向期颐之年。他依稀记得，他家屋后的那4株大樟树裹挟大量的稻草等漂浮杂物向十八桥村方向顺流而下，十八桥桥洞因此被堵塞，洪水瞬间漫过公路，致使十八桥村、立新村、寿昌镇房屋倒塌，人员伤亡很惨重。

洪水退却，王樟进家的那4株大樟树在下游更楼公社河滩搁浅。因上游大同、航头、寿昌公社等地有大量家什等漂浮物在此聚集，更楼公社革委会通知现场招领。王樟进拉回了那4株大樟树，裁割锯板，制成了樟木箱。

王樟进原老屋旧址，现已成了曹溪河道。屋后那4株樟树生长的地方，如今已是一片茂林修竹。竹林之后便是杭（州）新（安江）景（德镇）高速公路寿（昌）龙（游）支线，大桥横跨曹溪，桥上车疾如飞。

周良江曾经救起水珍姑娘的地方，现今那50米的河段里已建有上、下游两座坚固的钢筋混凝土大桥。堨头木桥，已成往事。唯河堤石缝里，当年被洪水扯断了的固定木桥所用的胳膊粗铁链，依然深深地扎在那里。无论酷暑严寒，无论风刀霜剑，那扎在石逢里的铁链，依然像是坚守阵地的战士那样：“我在，阵地在！”

逃离桂花巷

□ 王生良 口述 胡建文 整理

“八三”洪水暴发那年是1972年，我才11岁，家住寿昌镇桂花巷1号，距中山路只10丈余。8月3日中午，街上传来“逃啊，洪水来了”的呼喊声。当时我们全家正在准备吃午饭，父亲是一位处事沉着冷静的人，听到呼喊后显得很沉稳：“没那么吓人的，要逃也得吃了饭再说。”

在一旁待着的我又听到街上传来了慌乱的“逃命”声，便扭头窜到中山路想看个究竟。

中山路上果然漫进了洪水，街上已有不少人慌慌张张地向西湖后山背等高处跑。我觉得有些“不对头”，便又扭头迅速跑回家里，急匆匆地报告父亲：“洪水真的来了，中山路上已进水了。”

沉着的父亲面部显得很严峻，刹那间作出了果断的决定：“走！”

来不及携带什么，父亲让我牵着年仅7岁的小弟，举家出走，向着西湖后山背而去。

“不对，等等！”我突然想起了什么，撒下小弟的手，又快步蹿回了家中。

我当时读寿昌中心小学四年级，也算个品学兼优的好学生，在校一直任班长。那时正值暑假期，学校将城里的同学分片组成暑期学习小组，我担任桂花巷片小组长。同学们经常在一起做作业，作业本都集中在我家里。想到同学们的作业本还在家里面，假如被洪水卷了去，或者被水淹泡了，那该怎么办？于是我就焦急地跑回家里取了大家的作业本，然后又沿着中山路追上家人继续向着西湖桥方向拼命赶。

寿昌西湖桥，是一座单孔平板桥，这里是寿昌城的繁华地，但是地势非常低。临近西湖桥，有人看见我们都在跑得慌，觉得也未必："洪水来得快，退得也很快，没必要跑得那么慌。"

可是，在很短的时间里，洪水来势很凶猛，逃离的人越来越多。洪水已过膝，寿昌城里顿时成为一片汪洋。水面上已有不少漂浮物，漫进街上的稻草，不时地困住我的步伐，因此前进很困难。

我们一家人跑到西湖桥头时，街道两侧的商店和民居，城中、东门和西门都已被淹在洪水中，逃离的人流中常有人跌倒在水里，他们呼儿唤女，相互搀扶，向着寿昌酒厂后院拥上西湖后山背。

西湖后山背，顾名思义，是寿昌西湖后的一座小山坡，是寿昌城里的高地。我们全家随着人流上了西湖山后背。此时山下水位骤然上升，山上的人忧心忡忡，弥漫着一片嘈杂混乱声。

时至下午两三点钟，洪水继续暴涨，西湖六角亭已浸泡在水中，唯露出亭子顶端形如葫芦的宝顶。

8 月天，本不该冷，但身子完全被洪水湿透，仓促逃离时来不及携带衣物，又面对悲情四起的灾难，大家都觉得冷。

城里不时有房屋倒塌，房屋倒塌时的声音是那种很恐惧的沉闷声。山上的人目睹自家房子垮塌时，情绪已控制不住，他们号啕大哭，痛哭的声音噬天裂地。房屋坍塌后，家禽牲畜在水中拼命地挣扎。西湖照相馆附近有求生者爬在自家外墙已坍、只有梁柱支着的瓦背上，他们手持红布，拼命地喊“救命”。这样的场景让人很揪心。

我在西湖后山背目睹了这一切，目睹了横山钢铁厂那位“水性很好，跳进汪洋中救出好多人的英雄”最后遇难的全过程。

涂瑞雄，寿昌人民记住了他的名字。那天，他跳入汪洋，多次将求救者乘坐的竹筏推向西湖桥岸边，岸上人分别将他们一个个拖上岸。然而，洪水与西湖桥撞击形成的浪头将涂瑞雄卷入桥洞里……第二天，人们发现了他的尸体，他的双脚被尼龙绳缠住。英雄为了抢救他人，献出了自己年仅 27 岁如阳光般的生命。

涂瑞雄是英雄，他是个外地工人，是个好人，水性非常好，如果不是双脚被绳子缠住了，他死不了。

大概到了下午 5 点钟左右，我和姐姐很想回家看看自家房子怎样了。但父亲说：“现在还是不安全，你们不能回家去!”

山上的大人们为了自家的小孩不丢失，都会反复交代大孩子一定要管好小弟弟小妹妹。

小孩子总是喜欢东跑西颠耐不住，我也是小跑一会儿便回到父母身边亮亮相，父母亲只要孩子还在自己的视线内，就不会去担心。

没多久，寿昌酒厂为山上人送稀饭当晚餐，大家排队伍按人头酌量分配。父亲发现身边少了一个人，是姐姐没有来吃晚饭。

焦急的父母四处呼喊却无回应，急得不得了。我也顾不得吃饭，和家人一起分别四处去呼喊，但是，仍不见姐姐的身影。

原来，18 岁的姐姐十分惦记自己家的房子会怎么样，竟然乘父母不备，沿着城北弄堂溜了出去。她趟过深水，摸到桂花巷自己家门前，望见四周的房子都被洪水冲倒了，唯自家的房子和另一座公房依然坚挺着。“万幸，万幸！”姐姐怀揣踏实的心理折道而返，回到西湖后山背父母亲身边。

“爸妈，我们家的房子没有倒！”姐姐喜出望外，激动地向父母报告了好消息，满以为父亲会高兴地夸她一阵子。

姐姐没想到，父亲拉着脸面，根本没有高兴的样子。本想“严惩”擅自行动的女儿，但是她带来的毕竟是好消息。于是，将功折过，父亲没有训姐姐。

黄昏，大水已经基本退去。父母携我们回到桂花巷家，我跨上门前两级台阶急匆匆去推门。使使劲，推不动，是因为大水浮起家具和汇聚的淤泥从里向外堵住了门板。后来是父亲和我用了大力气，家门才推开。一家人回到家里，忙着清淤和整理屋舍，忙乎了一晚上。

那一天，寿昌街最高水位时齐胸，傍晚 7 点左右过膝。

次日早上，我和 14 岁的哥哥起得早，想去宋公桥附近我们家的自留地里，看看南瓜是不是被洪水冲走了。于是沿寿昌江畔逆流而上。

西门大队的民房大部分已倒塌。寿昌搬运站几乎坍塌殆尽，只剩书有“伟大的毛泽东思想万岁”和“伟大的无产阶级专政万岁”等时代标语的砖砌门头立柱，以及“建德县寿昌搬运站革命委员会”“建德县寿昌搬运站工代会”的牌子等还在。

有人在江边挑拣大同、航头上游漂下来的家具等物件。江中漂浮着的牲畜尸体不少见，江中、江岸一派狼藉，场景很悲惨。

许望秋的那一天

□ 胡建文

1972 年 8 月 3 日这一天很平常，浙江省建德县寿昌镇城中大队第五生产队记分员许望秋和社员们一样，天没放亮便起床奔赴秧田去拔秧。距立秋还有三四天时间，生产队的农田“双抢”任务已过半，早稻的抢收已完成，紧接着的艰巨任务是晚稻的“抢种”。

秧田拔起的秧苗，需担往白艾畈的水田里去扦插。社员们备好秧苗，将其均匀地散落在待种的水田里。退伍军人出身的生产队长江裕良，随即拉开嗓门高声喊道：“大家抓紧时间吃早饭，吃了早饭快干活。”许望秋选择在干枯的寿昌江中大石上，享用由家人送来田间的早饭。在他看来，这里干净且清静。

大约过了半小时，天空突然乌云密布，大地黑得像夜晚。江队长再次催促大家：“抓紧时间快干活，可能马上就会下暴雨！”没等社员们扦插几行秧苗，天空骤然下起了大暴雨，落在水中的雨点溅起的水泡非常大。

暴雨来势很凶猛，望秋的蓑衣已被暴雨所湿透。无奈之下，队长再次喊话：“大家先歇工回去吧。”大水漫过田塍和小路，天空依然黑得很吓人。许望秋回忆说：“我们已经看不清回家的路。”

大水涨得飞快，寿昌江的洪水已漫过公路。雨“哗哗”地下着，远处有呼喊声传来：“社员们快到小学抢救稻谷。”

生产队收割的稻谷，借用小学教室暂时堆放。社员们趟着深水，立即去了寿昌镇中心小学抢救稻谷。许望秋和社员们一起以最快的速度，将堆放在教室里的稻谷一担担挑往地势更高的学校礼堂舞台上。

生产队社员何海生的家，所处地势较低，大水很快漫进了他的家。许望秋和大伙们暂时停止了抢稻谷，急速转场冲向他家里。一趟，两趟，大家为何海生抢出了厅堂里的八仙桌和四尺凳等家什时，他家的水位已齐腰。随着水位的快速上涨，他们还想在关键时刻进入何海生的房间里为他再抢救些家具。“不能再进去了，人要紧！”有人在大喊。

许望秋眼看着何海生房间里的家什被浸泡在洪水中，心里很无奈，于是和社员们一起又回转到学校里奋力抢稻谷。洪水已渐渐漫进教室里，队长派人用麻袋装进砂石一袋袋堵住从校门漫进的洪水。

大概搬走三分之一的稻谷时，几声沉闷的声响，学校的部分围墙轰然倒塌，稻草、树木和大面积的水葫芦等杂物瞬间涌进教室里。

教室里的水位已齐胸，抢救稻谷因此不能再进行。江队长这才想到了社员们的家里不知道会是怎么样，于是焦急地又一次对着社员们喊道：“你们快回自己家里看看去！”

许望秋如梦初醒，想到洪水凶猛，想到父亲因在外地工作不在家，想到母亲和年少的弟妹不知怎样时，心里很慌张。这时的学校前门因大水汹涌已出不去，他不顾一切地从学校后门扶着坚固的墙根慢慢地向前蹚。他清楚地知道，洪水中，千万不能走在土墙下。复兴路已完全被洪水所淹没，许望秋沿建国路经解放路一直往前走。他看见了自己的家已浸泡在洪水中。大雨依然如注，除了落雨的声音之外很寂静，是那种让他感到恐慌的寂静。他没有看到母亲和弟妹的身影，冲进屋里，空荡荡的，洪水已过膝，一些家什浮在水上面……

“看见我妈了吗？”许望秋退出屋子，向站在老电影院台阶上的那位大叔焦急地喊道。

“你妈妈他们没事的，都被政府转移到西湖后山背去了。”许望秋闻讯，如心里的石头落地似的踏实了。

正在望秋欲行时，他家的小猪不知从哪儿冒出，“扑通扑通”地向他游过来。小猪见到主人时“哇哇”地乱叫，望秋迎了过去，弯下腰将它从水中捞起。自家的猪圈已被洪水冲毁，许望秋将小猪小心翼翼地摆放在厅堂里的八仙桌上，好好地看了那小猪一眼，便转身沿解放路去往西湖后山背。

西湖后山背，因山下西湖而名之。

置身西湖后山背，俯瞰寿昌城，西门方向汪洋一片。漂浮在汪洋里的家具、房梁、打稻筒、稻草、树木、牲畜尸体等惨不忍睹。

许望秋下得西湖后山背已是近黄昏。

“民以食为天”，粮食对农民而言很重要。队长喊来了许望秋等 3 名年轻力壮的骨干分子，连同他自己在学校里值夜，保护那些全队社员用汗水换来的稻谷。许望秋在洪水中捞上几根木条，用它搭成三脚架，然后将生产队打稻机的围席铺盖在上面，这就是他们的“值班室”。

江队长对许望秋所做的很满意：“你是好样的，要带好头。”

许望秋在生产队里表现很出色，后来之所以能34年连任村支书、成为市党代表和五届市人大代表并被评为“浙江省千名好支书”，是因为他一直以来储在内心的担当精神和责任感。“我有责任感，虽然那时很年轻，但在关键时刻该怎么做，我心里是有数的。”

在洪水中奔波了一天的许望秋，肚子开始叽咕响，他想到了该为一起值夜的两位社员和队长以及他自己备些食物以充饥。

寿昌街一片狼藉。游荡一番，去哪找食物都很难。许望秋想到了地处南门头的寿昌食品厂，那里该会有。

许望秋进了食品厂，在静悄悄的食品厂院子里，望见二楼走廊上有位年长者正在望着他。

“这里有吃得吗？我都没吃中饭呢。”许望秋仰着头，这样直白地向楼上的那位长者喊道。

“小鬼，你上来吧，这儿有。”那长者回答得很利索，抑或是他知道眼前的这位小鬼头一定是有困难了。“你去找个箩筐再来吧。”年长者补充道。

许望秋要找的食物终于有了名目。他高兴地向邻近的一位大姐家中借来了一只小箩筐，又回到食品厂楼上那年长者的面前。

那长者将许望秋领进厂仓库里，仓库里存放着些糕饼，但是数量并不多。他让许望秋自己动手尽管向小箩筐里装。麻饼、雪饼、芙蓉糕，他装了小半箩筐，在记账单上签了名，便高兴地谢过长者下楼去了。

许望秋为自己当时能找到糕饼显得很高兴，也为他在有难时遇见了好人而高兴。

“那位长者名叫陈寿康；洪水中舍命救人的英雄，是在横山钢铁厂工作的外地人，他姓涂，名瑞雄……”许望秋再一次陷入沉思中，他还在回忆，回忆50年前的8月3日那一天。

不能忘却的记忆

□ 潘正清 口述　鄢　俊 整理

“八三”洪水事件，是我生命中无法忘却的。那洪水滔天的场景，老弱病残冒雨蹚水转移，借住邻居郑玉清家……其中最难忘的要算那次抢粮食了。可是我一个本本分分的老实人，又是一辈子的农民，怎么可能去抢粮食？这都是因为1972年的那场“八三”洪水啊。

当时洪水来得很快很猛，个把钟头就把村子淹掉了，现在想起来，真是难以置信啊！但这场水灾，其实是从8月2日的下雨开始的。那几天，正是农忙双抢时节，早稻都已经割完晾晒了，大多数生产队正在种晚稻，好些生产队已近尾声了。只有三队刚刚收割完早稻，没有晾晒完，正准备种晚稻。

现在回忆起来，我很确定是因为台风而引起连续的下大雨。我们建德下雨，其他县也下雨的，但是我们建德的特别大，加上上游水库崩塌，才造成了历史上罕见的洪灾，我这一辈子就遇见过这一次。有些事情也是我们人类很难预料的，当时8月2日航头公社是作了广播通知的，要求老弱病残和小孩做好准备，带上必要的生活物品，一旦水势大了，就赶紧撤离到高处安全的地方。

可是大雨一直不停地下，从2日连续到了3日上午，没有见一点点要歇的意思。石屏灵栖洞地区的地势西北高东南低，像个老鼠尾巴，所以就首先承受不住了，曹溪的山洪从麻垅堆、吴垓头这一带涌过来，沿线的田畈一片汪洋。

相比较而言，大店口方向的洪水相对水源到航头的距离比较短，水势相对小些，但在这样的大洪水面前，也是难以幸免地受到了影响，沿路田畈、村街都被淹没。

上午10点钟左右，洪水的主要源头，也就是大同、李家方面的洪水到达了航头公社的溪沿。大同溪里翻涌着浪花，沿路村庄、田畈全部受淹。樟畈位于沿江转弯处，大水来时很快，但是水出去很慢，所以受灾最严重，所有泥墙房屋全部被冲毁，只剩下一根烟囱孤零零立着，可能是用砖头砌得牢固的缘故。估计是大同、李家方向的西坑源、北坑源一带一定是有水库被冲垮了，所以虽然这一路距离我们航头最远，但这三路洪水却几乎同时到达。而航头是个四面受攻的平地，所以灾情特别严重。当时的公社政府楼是地主黄金献的老宅子改造的，地势低，受到的冲击大；不过也是因为地主的房子，建造得牢固扎实，墙基是用青石板和砖头混合了桐油石灰砌成的，又有大木柱子支撑，所以虽然被水淹到了，但是事后问题倒不是很大。

溪边晒着大量的稻秆，这也是造成洪水变大受灾严重的原因之一。“大水到了，把稻秆冲进了溪里，增加了水量，洪水就更加大了，灾害当然也就更厉害了。后来政府是给了补偿的，每户人家100~200元。房屋倒掉的补0.5~1.5立方米的木头，用于重新修建房屋。光光我担任队长的三队，就有30多户人家的房屋被冲倒，我们溪沿村一共有近 50 户人家被冲倒。后来不得不新组建六岩山新十队，因为有原来三队的近 20 户人家一半人口，所以又让我当队长了。

当时三股洪水一起到来，除了七、九两个生产队地势比较高，仓库未被冲走，其余 7 个生产队的仓库全部被冲走了！当三股大水一起到来，很快就把老公路淹没，不久就拦腰深了，估计 1.2 米以上肯定有的。幸亏公社早已有预防，不仅仅 8 月 2 日就提前广播了，当天，也就是 3 日洪水暴发那天，公社广播几乎没有停歇，一天到晚提醒社员注意安全，特别是老弱病残和小孩要及早转移。所以水位快到膝盖的时候，该转移的都实施转移了。我和家里人都记得，我们这里是转移到现在农场边的小山头上去了，因为那里地势比较高，安全的。街上就剩下男人们和干部了，而且有几个男人也去帮助妇女们转移了。

还好我有先见之明，及早做好了防范。当大水淹没晒谷场时，我就知道粮食如果不转移，必然要遭大水淹，要受损失的，所以当洪水离放稻谷的仓库还有几个台阶高的时候，我就和社员们商议，把粮食搬到安全的地方。很快，大家认同这个建议，当即由郑彩顺宣布，叫男人们把粮食转移到地势高的许兴发家。大家就挑的挑，背的背，肩扛手提，披着蓑衣或者尼龙雨披，戴着笠帽，在仓库和许兴发家之间来来回回，拼命抢救我们农民心里的宝贝——稻谷。大家什么也都顾不上了，全部精神都投入到这场抢救粮食的战斗中去，夏天单薄的衣物一下子就全部湿透了，还有半干半湿的稻谷碎末，粘在身上，那难受劲别提了，可此时此刻大家都管不了了。汗水，雨水，洪水，也许还有心痛的泪水，肯定还有不小心剐蹭出来的血水，混杂在一起，在全身上下左右纵横流淌，不时流到嘴边，大多数都默默淌下了，少数渗进了嘴里，也根本不知道是什么滋味，有些吐出去了，有的就抿进嘴里流进了肚里。很可惜的是，五队队长黄法高，为了抢救粮食，在老公社附近，樟树底，被大水冲走了。

在现在航头初中边的小溪里，还有一个社员也被冲走了。这位社员是为了捞些水葫芦拿回家养猪用，在小溪旁的公路边，可能心急，或者水太大了，因此踩空了，掉进大水被冲走的。那时候大家都非常艰苦，想捞点水葫芦养猪啊！

下午三四点钟，雨小了，逐渐停了下来；水位很快下降，我们大家眼睛看得清清楚楚的，退得很快，一会儿，街上的水就已经完全退走了。但是艾溪里的水位比平常还是要高了很多很多。

接下来，最重要的就是生产自救了。大水退去，公社广播就通知各生产队，还派联村干部到村里去告知，让各生产队务必赶紧准备。如果没有晚稻秧，就改种番薯、玉米和豆子。已经种下的晚稻要做好管理工作，大水淹过的田塍肯定要整修；田里的低洼处，泥浆压着稻秧，必须用清水把泥浆洗干净，以免生白叶枯病。

很多灾民到六岩山建房，后来又回村里重新建房。当时靠溪边和村头以及公路边，有许多农户房屋受损倒塌了，就安排到溪沿小学住了一段时间，直到六山岩新房落成，才住进了新房，恢复了正常生活。现在回想起来，“八三”洪水虽然已经过去了半个世纪，但是仍然记忆犹新。忘不了突如其来的大水，忘不了公社的预防和指导，忘不了好邻居，尤其忘不了社员们在那么大的雨水中抢救粮食，帮助转移。真的不能忘记这段历史啊！

洪水面前，我们没有退后

□ 杜树堂 口述　鄢　俊 整理

1972年8月2日到3日，我们建德县全县普降大雨，特别是寿昌江流域，降雨量达到历史上罕见的300多毫米，大水几乎淹没了大同镇，寿昌镇街上水位漫到成年人的头颈以上，估计有一米半深，大多数居民跑到了横钢的山上，还有少部分爬上屋顶避难。听说更楼镇更加厉害，街上水深达到2米，不少人受伤，严重的甚至失去了生命，被大水冲走的猪、牛等牲畜不计其数，无数良田、房屋被大水冲毁，全县经济受到严重损失。这次大洪水，就是建德县历史上最大的洪灾，史称“八三”洪水自然灾害。

1946年5月，我出生于淳安县茶园区茶园乡洪岭村。1962年作为知识青年上山下乡到建德县沽塘乡（今石岭村）。曾经参加了新安江水电站、富春江水电站的建设。1969年底安排工作到横山铁合金厂，1970年正式在“横钢”上班。

那一年的8月真正是忘不了啊。8月2日夜里、8月3日上午连续下大雨，寿昌江里的水大涨。中饭时已经漫上老国道的公路路面。到了下午1点左右，已经涨到横钢招待所（秦箭山庄）、原氮肥仓库和毛家等地了。下午2点钟光景，洪水涌溢，寿昌城原有的西湖和水道已经完全承受不住，水位已高于街面。

之所以会造成这样的灾难，有多方面的原因。一方面是上游植被不够，而致使无法涵养持续而且大量的雨水，导致好几座水库因此被冲垮，于是洪水像无数猛兽一样突然暴发，横冲直撞一泻千里。另一方面是因为此时恰巧是早稻收完准备播种晚稻的时节，田野路边到处都是刚刚收割了捆扎好和没有来得及捆扎的稻秆，李家、大同的山洪暴发，如同猛兽便将许许多多的稻秆一起席卷而下，连同被大水冲倒的许多乌桕树，互相裹挟着，向下游的航头、寿昌、更楼等乡镇奔涌而来。当到达十八桥跨江大桥和寿昌镇的公路桥（白艾桥）时，由于乌桕树是横七竖八的，而且还有长短不一的树枝和树根，那些横着的乌桕树有些就互相纠缠在一起，因此被桥墩挡住了，搁在桥洞下面；而那些捆扎好和散乱的稻秆，也被树枝树根挡住，而且越来越多，终于彻底把桥洞堵住了，于是水位迅速上升，漫过了桥面。接着白艾桥以上的水位也快速上升，漫过了公路路基，从十八桥稍微上范围的地方开始，往毛家、卜家蓬和寿昌城西方向突破。

很快，农贸市场门口被大水冲开了口子，找到了突破口的洪水直往街上涌去；而城西西湖一带，大水一方面往横钢等城北方向蔓延，一方面往城中中心街区发起了攻击。西湖、水街和东昌东路等老城城防水路，也已经承受不住汹涌的洪水，于是大水也漫过西湖桥附近街路，直往寿昌城中心和铁路桥奔突而去，连东门和原石粉厂的铁路桥两端路基，也各自被冲出了一个大豁口。

得知大水漫上公路，我们一群青年工人感觉到情况严重，肯定有需要我们的地方，于是就跑到原寿昌酒厂的高坎上观察形势。

此时将近下午2点钟，洪水的前锋，离我们最近的已经到达横钢厂门口（检查站）和寿昌生产资料仓库（现工业技校）。从西湖山背远望寿昌江江面，浊浪滔天，汹涌澎湃；寿昌城和附近村庄已经一片汪洋，除了寿昌城里比较高大的建筑物，都已经泡在水里了，寿昌城中的水位已经约有1米5以上的样子，个子高的差不多到胸口，矮个子直接被淹没了。此种情形下，我们一大群青年工人都不敢轻举妄动。

到下午2点左右，大雨一直下个不停，水位涨高了一些。正在大家心里犹疑不定的时候，突然传来“有人落水了”的叫喊声，转眼望去，只见一个矫健身影已经跳入浑浊的波浪中去了。原来是原西门小学处一个小孩子落水了，被来自北京的年轻小伙涂瑞雄看见了，他不顾水势非常凶险，仗着自己水性好，才20出头身体又棒，就奋不顾身地跳进浪涛里救人，但是很快就被大水卷走了。大家眼巴巴地盯着水面，心里揪得老紧老紧。到西门照相馆边的石桥下的涵洞，看见他浮出水面一下，又很快下去了，之后就再也没有看见他上来。再见到时已经是第二天，他被打捞上来，浑身缠满了水草。估计救人时被石板等硬物撞击到了，从涵洞下面被冲出去，搁在某个建筑物上面。涂瑞雄，这个来自北京的小伙子，就这样离开我们了。我们都把他当作横山铁合金厂的英雄，当成我们青年人的榜样！

看着年轻的英雄和同事奋不顾身跳入滔滔洪水去救孩子的时候，我们内心除了敬仰、崇拜，也燃起了救人救物资的熊熊火焰。为确保此项工作高效有序，尽可能抢救出更多的人和物，厂里安排担任车间负责人的丁土根统一负责抢救抢险工作。当天3点多，得到厂领导命令的丁土根立刻成立抢救抢险工作队，下面分成若干小组，恰好我和他一个组。4 点半，雨渐小，水势稳定并且逐渐转小，水位比最高时也略略下降了一点点，我们二人作为先锋，撑了竹排前往救人。他是负责的，为正，我为副，协助他。

由于这次洪灾是突发的，所以绝大多数人是没有准备的，当大水像千军万马突然杀到寿昌之时，很多人慌了手脚，连简单的衣物也来不及收拾，就匆匆忙忙逃命去了。还有一些来不及逃命的，就爬到高处去避难。当时的建德县第三人民医院和农机三厂（后来的电冰箱厂）房顶上就成了临时避难所。其实当时的屋顶已经没有了瓦片，避难者是抱在椽木上的。

我和土根一个在竹排前头，一个在竹排后面，来回于厂门口和灾民的临时避难所。因为竹排比较小，每次只能够载回五六个人。他们有些是自己从屋顶上下来爬到竹排上的，有些是我们帮着慢慢上了竹排的。如果年轻会游水的男人，就让他身体浸在水里，两只手紧紧抓住竹排，跟着竹排往我们厂区前进。就这样摇摇晃晃地回到安全之地，一共转移救援了 30 多人。等到我们俩回家的时候，已经是晚上 9 点多了。

夜晚，大水逐渐退去。到了第二天，水位明显下降；到 10 点光景，大水已经退到了公路路面了。五六天后，恢复到了寿昌江原来的正常水位。

大水淹没了寿昌及其附近许多房屋、农田，而且来得异常迅猛，逃难的人们来不及带上米谷粮食和其他生活必需品，就各自逃生去了，有的往山上逃，有的往洪水到达不了的地势高处走，有的到大水没有淹到的亲戚家避难，还有几百灾民涌到了横钢厂里。可是这几百号人的吃饭、休息、住宿，绝对不是个小问题。经过厂领导研究决定，食堂即刻免费供应灾民伙食、饮水，实在没有菜的时候，全厂人就都吃什锦菜。

灾民的饭菜饮食解决了，但是厂里的生活生产用水却成了大问题。为了解决这个难题，同时又能够正常生产，厂里决定一、三分厂照常生产；同时成立了抢修复产队，由厂办主任方正元担任队长，负责抢修复产任务。队员主要来自机修分厂，必须水性好的才可参加。当时已经被“造反派”打倒的寿昌县第一任县长陈湘海，坚决要求参加此次抢修复产工作，他的这一要求得到了批准。

厂里的生产生活用水依靠建于寿昌江畔的几台水泵。一号泵房到六号泵房，都在铁路桥下的三口井下，其中一号、二号泵房为生活用水。因为这次“八三”洪水的缘故，所有泵房都被沙泥石头覆盖或堵住了。所以，接下来就是要搬掉这些石头，清理沙泥，恢复这些水泵的本来面目。

要让这些机器恢复“真面目”，就必须下到井下去清理。这几口井最深的有4米多，直径在1米5以上，而且水泵在路面以下五六米，施工难度很大。我们先让人站在簸箕里，另外好几个人用绳子吊着簸箕，用簸箕把人先放到井底挖沙石泥土，然后用簸箕把挖出来的沙泥石子用簸箕往上吊，运送到井外面。为了把泥沙石子清理干净，下了井的人必须戴上手套，以免挖泥沙的手被沙子伤了，那就没法继续干活了。

此时路面上的水池（原来就已经建成）里的积水也被抽水机抽出去了，沙泥石子被安排在岸上的同事们挖去了。据说那些石子大的竟然有 10 多斤！

在抢修复产活动中，大家饿了渴了，就抓住水面上漂来的西瓜咬上几口，然后又继续工作。被打成“牛鬼蛇神”的水泵房职工陈良富，当时已经快 60 岁了，但是依然和老县长陈湘海一起，天天参加挖井，天天清理石头泥沙，为大家树立了榜样。

我们每天早上 7 点半到铁路桥下工作，到傍晚很迟才收工。这样连续作业了 20 多天，终于把大石头移走了，沙泥小石子也被清理干净了。这时候我们机修分厂的同事们才能够真正发挥出他们的作用，检修起水泵房里的机器来。

紧急救援和抢修复产工作结束了，作为横钢的一分子，我有幸都参加了，实实在在感觉到，在祖国和人民需要的时候挺身而出尽己所能努力工作，真是自豪而幸福的。同时我也深深感受到我们横钢人了不起，觉悟高，素质好，党性强，在“八三洪水”这样的危急关头，挺身而出迎难而上，发挥了党和优秀青年的先锋模范作用。

粮食！粮食！

□ 叶洪标 口述　王娟 整理

“八三”洪水那年，我 17 岁，是陈家公社的团委委员。50 年过去了，这场洪水在我的记忆里太深刻，那场景至今历历在目。

每年的 8 月是农忙时节，农民要抢收，又要重新播种。1972 年洪水前的那几天，天空一直稀稀拉拉地下着雨，8 月 2 日早上 7 点多时，那雨下得像倒下来一样。等雨点小一点，各生产队村民还是和以往一样去地里忙农活，大家要赶在 8 月 8 日立秋前，把稻谷全部收回来，再把秧苗重新种下去。那时候，老百姓中谁都没有预料一场特大洪水即将来临。

到了下午，雨断断续续下得农田沟渠的水逐渐满上来，村里的民兵连连长黄义华一看情况不对，雨水即将漫延至地势较低的仓库。于是当即组织了 10 多位民兵，抢救生产队的农具。

每家每户的农具是集中放在生产队的，干活时取，收工时又放回仓库。农民对农具是很看重的，有种天生的情结，这是他们吃饭的家伙。雨水刚刚漫延的时候，大家都觉得粮食是安全的，民兵连长黄义华首先想到的是把农具保护好，确保农具从地势低的地方搬离到高一点的安全位置。

抢救了农具之后，这一晚大家多少也还是睡得安心。

第二天是 8 月 3 日，雨继续下，河道的水开始缓缓涌进村里。8 点多钟时，村里开始陆陆续续有人跑去抢救各自生产队的粮仓，用包装袋垒起来，围截的围截，浇坝的浇坝，各自忙碌起来。那时家里的水漫上来还是刚过脚踝。

陈家公社大塘边村共有 9 个生产队，除了第五生产队地势较高一点，其他 8 个地势都不高。每个生产队约三十几户农户，一个队负责耕种 100 多亩地，因为农忙，9 个生产队的粮食收成之后都未来得及上交国家粮库，所以每个生产队都有几万斤的粮食存库！

陈家公社大塘边大队是第三生产队，也是地势较低的大队。随着洪水不断涌入，上午 9 点，大塘边大队路边的第一幢房子开始坍塌，这是一户姓周的人家，房子坍塌的时候他们全家大人都在第七大队仓库抢救粮食。

房子坍塌的消息传开之后，村民才真正地躁动惊慌起来。

刚从寿昌粮站领取麻袋回来的陈家公社党委书记苏尧庭，看到眼前一幕，心急如焚，老百姓已经自发有序地从家撤离，但整个陈家公社还有十几万斤的粮食堆在粮仓啊！他命令各生产队长领取麻袋赶紧奔赴各自粮仓抢救粮食。

从第一幢房子倒了之后，慢慢地，第二幢房子坍塌了，第三幢也紧跟着倒了，第四幢摇摇欲坠，第五幢也岌岌可危……也有村民想回家看看，在这个过程中，许多人家的房子都已经找不到了。如果说 9 点至 10 点半这段时间，房子还是有序的、慢慢的坍塌，10 点半之后，洪水就像一头猛兽，张牙舞爪地向村里奔涌进发。

粮食！粮食！当洪水涌来的时候，全村的村民都不约而同地去抢救各自生产队的粮食。基本上是七八十个人抢救一个生产队的粮食。当时生产队的地势相对较高一点的，也都会下来帮着地势较低的生产队抢救粮食，起先还争分夺秒地用包装袋在墙角垒起篱笆墙，拦截洪水入侵。后来水实在太大，水位一下子涨到腰部，大约有一米三四左右的样子。生产队的仓库还是被淹到了。

看着粮食随着仓库的墙体一同淹没在洪水中，每个人都懵了。粮食对农民来说太重要了，在抢生产队的粮食时，几乎没有一个人是顾得上自己的小家的。毛泽东时代的人就是这样，没有私心，他们根本来不及考虑家里的小孩和长辈，只要是青壮年，就全都穿上蓑衣在外面抢救粮食，妇女也一样。

可是，水实在是来得太快太大了啊！2 日开始抢农具抢粮食，3 日全被冲掉，等于前面抢的全部白抢。3 日中午 11 点到 12 点，是洪水最凶猛的时候，仓库开始逐个倒下。全村有 200 来户人家的房子全部都倒掉了，100 来户的房子倒了一半，总共村民 400 来户，倒了 70%。

9 个生产队的仓库 8 个被冲掉了，抢救回来的粮食仅仅是一个生产队的量，其他的粮食全都被洪水淹着，根本来不及救。可恶的洪水！

泥房被洪水一浸就坍塌，都被冲走了，连同家具，只有砖瓦房还没坍塌。当时的陈家公社初中在大塘边大队，学校的地势高，当时又没有开学，所以也暂时算个安全区域。几十个人就站在那个学校的房顶上，四周都是水，不知道往哪去，也走不了。

抢险中，我记忆特别深刻的是我们的苏尧庭书记。中午 12 点，洪水最大的时候，苏书记一看形势不对，一边布置村民安全转移，一边要冲到对岸去看灾情。对岸是夫人庙，是村里的制高点。党委书记考虑的事情和老百姓不一样，他要了解情况为下一步做决策，做好总指挥。村里的老百姓都叫了起来，不让苏书记去，到对岸要横穿洪流，太危险了。

洪水汹涌，时间就是生命。苏书记还是当即拼了两块门板，做成竹排，坚持划去对岸，他要为村民争取逃生的策略。结果苏书记的竹排划出一半路，就被来势汹汹的洪水冲了出去。好险啊，后来还有好被几棵树搁到了，如果再多冲出100米，人就没有了。老百姓都惊慌失措。这个时候，部队来了。

来的部队番号是6539。部队来了，老百姓就踏实了。洪水已满出路面一米多深，四处都是水，已分不清哪里是田，哪里是路，哪里是沟渠河道。部队和村民们一起用竹竿竖插在道路两侧，作为标识物，以明示道路。而后开始救人转移，先救老人和小孩，将老人和小孩放在门板上送去安全的地点。也幸亏是白天涨洪水，所以那一天人无伤亡。如果是晚上，后果是不堪设想的。

3日下午，洪水就慢慢退去。当天的晚饭也是部队送过来的，还是要感谢解放军同志。粮食没了，我们可以借粮食，可以再种；房子倒了，可以再建设。人在就好。

航头村的英雄

□ 王利民 口述　王　娟 整理

我是航头村的王利民，“八三”洪水那年，我只有 10 岁。

1972 年 8 月 3 日，正是双抢时节，农民忙得很。前一天的雨下得非常大，到了 3 日，第五生产队仓库的积水就达到了 300 多毫米。五队仓库的位置是个很容易积水的地方，原因是这个位置刚好是河流的汇聚口。石屏溪、大同溪、大店口溪（也叫乌龙溪）三条溪的水流全都汇合在此，所以每年只要雨季一来，河道的水位就会明显高涨。

大水是年年都涨，村里人都习以为常了，根据以往的经验，大水涨到那么光景就会慢慢退去。所以，河道刚满上来时，村民是不可能立即动身去抢粮食的，万一满不上来，就是徒劳了。每年，村民们都是先观望，等到大水满到一定界线才会去抢。在大家的经验里，洪水每年都要涨一下，等水满到一定程度再抢救也都来得及。

可是那天的洪水大啊，大家都失算了，谁都没有预料到 8 月 3 日的洪水来得这么凶猛。这也是解放以来航头村遭遇最大的一次洪水了。

洪水来的时候，从这一排房子到樟树后的那个矮房子为止，这一片都是被大水冲淹倒下的房子，一共倒下了6幢。航头公社在这次洪水中，有两个人遇难。

第一个是当年第五生产队的队长王发高，50来岁，很实干的一个人。当年，整个航头公社一共有24个生产队，除了第五生产队的仓库地势最低，其他23个生产队仓库地势都较高，粮食也没有损失。苦了五队的王发高，在中午12点左右，组织生产队的村民用箩筐一担一担地抢粮食。

在转移粮食的过程中，洪水越来越大，第五仓库的水位也越来越高。王发高看情况不妙，让抢救粮食的村民立即撤退，吩咐他们去安排家人转移。几个壮年村民陆续撤退，到最后，田埂上只剩下王发高一个人在来回拼命地抢救粮食。一担箩筐大约能挑一百七八十斤的粮食，王发高卯足一股劲，能多挑一筐是一筐，粮食是农民的命根子。此时，洪水已将田埂上的路淹没，大家在岸上呼喊着："发高，不要再抢了，撤退回来，回来……"

王发高看着水势，似乎还能再抢一担，于是又折返生产队仓库。这一去，就再也没有回来。村民们就这样眼睁睁地看着洪水卷走了王发高，看着王发高在洪水中扑腾，又看着他使劲地往南边游去，一个眨眼就再也望不到身影了。直到第二天的下午，村民在大樟树旁发现了已经溺亡的王发高。

也是在第二天，村民统计了一下，从第五生产队仓库抢回的粮食大约在3000斤左右，可队长王发高却永远地离开了大家。

第二个遇难的人是王雄柏，当年只有30多岁。洪水涌来的时候，村里到处传言说红塘水库要倒塌了。红塘水库一倒，是件不得了的大事，整个航头村都会被淹的。村里的领导干部听闻红塘水库要倒，也来不及核实，纷纷指挥大家撤离到安全区域去，家家户户都往地势高的方向转移。

村里的余树奶和王雄柏抢完粮食后从仓库逃出，当逃到仓库正下方的土坡上时，洪水已把所有的路面淹没，无处可逃，小小土坡四周都是浑浊肆意的洪水。当时仓库对岸是村里的翁寿春，他已编好一个竹筏，立即撑起，淌过洪水来救人。

因为竹筏承载的重量只能上两个人，第三个爬上去，竹筏就会下沉，几次之后，王雄柏决定让翁寿春救走当时只有 14 岁的余树奶，而自己则留在土坡上。

如果王雄柏一直待在土坡上就好了，那样他也就不会被夺去生命。因为那天的洪水始终没有漫过土坡尖啊！

在王雄柏协助余树乃爬上竹筏之后，就默默地退回土坡上。只是没几分钟，只见洪水急急涌来，王雄柏想着与其等死，不如自救，自己的水性好，从土坡望过去，目测离岸也不远，游过去应是没有问题。也许王雄柏没有低估自己的水性，但是他却是低估了洪水凶猛的威力，终是被无情的洪水夺去生命。

再后来，灾后重建，政府对为集体而献身的王发高和王雄柏进行了表彰追认，并由生产队送行下葬，也对他们的家属进行了生活补助。如今，几十年过去了，航头村村民并未忘记两位为集体献身的英雄，他们年复一年地缅怀他们……

先种粮　后造房

□ 方润贵 口述　胡文静 整理

我叫方润贵，今年 80 了。“八三”洪水那年我 31 岁，是陈家公社大塘边大队第二生产队的队长。

其实村里那几年每年都会发大水，按照以往的经验，水再大，一般到了中午 12 点就会退，所以大伙只是抓紧把收在仓库里的稻谷和农具给搬到地势高的地方，生怕水淹了稻谷，到时抽芽发霉就没法交公粮了。谁晓得，那年的水别说冲走稻谷，连命都快冲没了。8 月 3 日那天，从早上开始眼瞅着水越涨越高，村里一会就成了汪洋大海，田淹了，房子淹了，人也被冲得东倒西歪的。也是奇怪的，明明村里人多是会游泳的，但是那个时候就是使不上劲，眼睁睁看着被水斜着冲出去，怎么都游不动，那个水啊，太猛了。幸好村里种了很多柏子树，水里的人被树枝拦住，才有的爬到树上去。大家被困在村子里，逃没得逃，房子倒了，家里的东西也都被冲走了，到处是哭天抢地的声音。

不过，我们是顾不得这些。我们二队抢出来的粮食被水淹得差不多了，根本来不及再搬，再说那时也已经没有可以搬的地方了，整个村子都是水。幸好队里已经领来好些麻袋，是准备交公粮的时候装稻谷用的。大伙赶紧把稻谷往麻袋里装，装满粮食的麻袋像沙包一样堆起来，做成一个包围圈，把散着的粮食围在里面，这边一边装，那边一边堆。堆得越高，冲走的粮食越少。这些可是都准备交去国家的粮食啊！

那时候，一年两季稻，有些人家上半年的粮已经吃空了，就等着这一季交了公粮后的余粮填肚子呢。大家拼了命似的装袋、堆袋，把粮食牢牢圈住。谁也顾不得家里，粮食是命根子，再说那时家里也没有什么值钱的东西。下午1时水开始退，到了傍晚基本退得差不多了。爬到树上的人下来了，站在房屋顶上的人下来了，躲在祠堂戏台上的人回来了。粮食一清点，大多数是保住了，但是被淤泥埋住的有不少。大家又马上从淤泥里挖稻谷。第二天，党委政府派那些没有受灾的地方的人来帮忙，挖淤泥、开道路、晒稻谷，他们都自带干粮。说实话，村里的房子基本都冲走了，也没有哪户开得起火来。

等到收起来的稻谷都晾干，好的粮食上交，发芽了的稻谷自己留下吃。我们队里人一起碰头开了个会，因为接下来总要有房子住，有东西吃啊。田地都被冲了，种下去的稻子都浮在面上，不重新种，别说交公粮，过年头大家都要讨饭去了。但是事情总要一样一样做的。最后我们大伙统一意见拍板：先种粮，后造房。

按老经验，8月8日前后不种下去，今年就没收成了。我们马上安排下去：大队里还有一些人家房子没被冲走的，没房子的人都分一下，住进去，只要有门板、木板、床板，往地上一搁就能睡了。地面上是不能睡的，都是泥水。住有着落了，我就带着二队的50多个人开始种稻，起早赶黑，不到天黑不吃晚饭。这样一天可以抢种三四亩，大概花了10天时间就完成了。地种好了，接着造房子。造房子是抽签的，抽到谁就先造谁家，这样大家都没意见。一户人家先要花一天半时间砌墙脚，趁墙角干透的时间里我们赶紧去下一户人家做，不管做到哪一户，前面那户墙角干了就得回头去继续做。油麻毡和钢筋是上面拨下来的，木材也给了指标，房子全倒光的人家给1立方木材，倒了一半的人家给0.5立方。然后村里帮忙想办法去联系买瓦片买洋钉。

你说造房子的人是不是专业师傅做？哪有那么多师傅啊，我们这个队就一个专业的工匠，其他活全都是我们这50来个劳力一起上。这个时候，谁也不推谁也不等，都像给自己家造房子一样，一个个都是泥水匠、木匠、瓦匠。当时我们队里一共有将近30户房子要重新造或者冲了一半要修的，总共花了大概两个月的时间做完，平均7天一户人家。

汪洋中的航向标

□ 叶春洪 口述 胡文静 整理

我叫叶春洪，“八三”洪水那一年我 24 岁，还是刚退伍回来第二年，在陈家公社大塘边大队第三生产队当农民。

其实那次大家对洪水会涨那么猛是没有思想准备的，都有点麻痹。已经下了几天雨，到 8 月 2 日河里的水开始涨，但我们估计到了 3 日水会退去。那几天正是双抢最忙的时候，就算下雨，村民也都披着蓑衣在地里抢种下一季的稻。到了 3 日早上，大概 7 点来钟，水好像退了一点，但没多久水又开始上涨。到了 10 点多，我们吃中饭的时候，雨越来越大。为什么说是 10 点多呢，因为从金华来的客车铁路经过村旁边，每天上午 10 点钟左右火车开过来，一听到火车汽笛声我们就开始收工吃中饭。饭还没吃完，水越涨越凶，眼睁睁看着水满过田埂路，而且来势很猛。大家开始着慌，吆喝着去三队的仓库搬稻谷。

仓库里堆满了队里还没来得及上交的稻谷。仓库是泥墙房，水涨上来一冲就倒，房子倒了不要紧，稻谷被冲走要命的。我们把饭碗一扔，就蹚水往仓库方向跑。仓库在村子旁，离村里大概有一里远，是条弯弯曲曲的小路。水涨得太快，刚刚还模糊看得到路面，一会儿就啥也看不到，路边上的菜苗就露出个尖尖头。我们跑得快的人还能凭着隐隐约约的感觉估摸着往仓库去，有些人走着走着就扑通一声踏空跌到路下面去，呛几口水，慌慌张张手脚并用才站起来爬到路上来。有些人就呆在路边不敢动了。

那时候有个工作队在我们村里，队里有个叫诸葛瑾的老师，好像是寿昌北门的，也跑来帮我们搬粮。到现在想起来，我都还很佩服他，如果不是他，那一年我们的稻谷肯定一颗都不剩了。那时，我年轻，体力也好，但看到滔天的浑水涌上来，脑瓜子都懵掉了。紧要关头，就看到诸葛老师停下来，转身一把拔出一丛细竹竿，那些细竹竿是给种在路边的长豇豆搭架子用的，他连拔了几把，然后边跑边沿路把细竹竿插下去。说跑其实不对，那么大的水哪里跑得动，他是在水里横着大跨步走，左一根右一根地插。开始我们都没看明白他要干什么，看到他拿着竹竿像瞎子探路一样先往水里戳几下，确定是泥路了就插上一根。后来才发现，他那是要给我们标出一条路来！诸葛老师就像个侦察兵在前面探路，那些细细高高的竹杆挺立在汪洋大海中，摇摇晃晃像个航标，连出一条弯曲的水路，一直通到仓库门口的晒谷场。那时候水已经满到腰，人在其中晕乎乎的，水面都在旋转，不知道东西南北。但是因为有了那些竹杆，就好像有了方向，什么都不怕。

我们原先是想把仓库里的稻谷搬到旁边的夫人庙去。因为夫人庙地势要高一点，而且是石块砌墙基的，水就算满进去也不会倒。夫人庙离仓库不过五六十米的距离，但是就那么短短的几十米，水势已经不允许我们搬动稻谷了，只好就地用麻袋装起稻谷，然后像垒沙包一样堆在晒谷场上，围成一个包围圈，把来不及装袋的零散稻谷围在沙包圈里面。我们站在高高的沙包上，周围已经看不出哪是地哪是路，水汪汪的一片，远处的房子屋顶起初还像浮在水面的小船，摇摇欲坠，过一会就听到“噼啪”“噼啪”的声音，房子一座接着一座倒塌，屋顶在水面消失。

那一年，我们仓库的稻谷基本上都抢回来了，有3万多斤吧。

洪灾中奋勇救人抢物

□ 王新贵 口述 唐铭国新 整理

我叫王新贵，男，1949 年出生，“八三”洪灾那年，刚好 24 岁，风华正茂，力大无穷。

我的家在青龙头。村落在横山钢铁厂的铁路与今日寿昌公路第二大桥涵括的区块之间。家庭具体住址在 320 国道与 330 国道交界处由新安江方向往兰溪方向行进的二桥北桥头。当年江边滩地以稻田为主，果田也占有不少。

我们青龙头人口不多，户头不多。洪水涌过了横钢铁路下东门的门洞，到我村反而平坦，一派汪洋。我村洪水有齐腰深，上游东门桑园里洪水竟然有齐肩高，甚至有超过一人深的洼地。发洪水那日，我简单抢救了家中物品，就到桑园里亲朋家去到处救灾。主要是帮助村民搬抢东西到铁路高坝上去。地面洪水才有齐肩深，那个高坝大约有 10 余米高度，对付洪水就最为安全。

我救过一个老人，还算勇敢。老人是生产队看果子的。果园是由沙滩地改造成的田块，种植桃树。老人白天与晚上都住宿在看桃棚里。果园在村落下游的江边沙地里，他被围困在园中高地看果棚中，见到四周骤地一片泽国，在大喊救命。我听到有人喊救命，就与小王跋涉过去抢救。我凭借水性好，徒手勇毅前往。小王手里还握着一根一米多长撬石块的趁手铁棍，他要用铁棍来试探淹没在洪水底部小溪渠、小沟坳的深浅。

果园在村落东北水碓坑，那里有深潭。解放后，于深潭处建有小型水电站，出水小沟里有石磴子。小王拄铁棍一路前行，到距看桃棚近在咫尺地方，铁棍试探不出浅泥和高石，只感觉处处都很深，他就不敢冒险前进，停留在了外围。是呀，过深水里沟坳的石磴，一脚踩空，就会送命。好在我对周边地势地貌了如指掌，十分熟悉。可以说，闭着眼睛，都摸得出来。我冲过去，搀扶起老人，就往回背。老人当年接近 70 岁，有 100 多斤，他的名字叫李金成。体重不轻，我却不知有哪里冒出来的神力。前行有些歪歪扭扭的，却终于胜利将老李背到安全地带。老李上岸后，连声向我说：“谢谢！谢谢!”后来的岁月里，老人一直待我十分友好，把我当作自己家里人。

大水从东门铁道两个大涵洞奔涌下来，原野一下子开阔起来，水流相对平稳。江溪田滩里，处处汪洋恣肆，漫漶无边。大水里，随波逐流下来，凳子、床铺、盆架……各式各样，应有尽有。一趟一趟地帮忙抢险救灾，我于是获得火线队员称号。落末，发觉自己疏忽了，家里还有两头大猪尚在猪栏内。我一个箭步冲进猪圈里，当时不知是力气大，还是被洪水逼出了潜力，左右开弓，一手夹起每头 100 多斤的大猪，就往青龙头山上去。好在猪在水里有浮力，并不是太重，再则，猪似乎被大灾难吓坏了，窝在我怀里，不仅不叫唤，竟很乖，很配合逃命。后来，我就将它们赶到青龙山上度过灾害。我自己家的房屋还好，只被冲毁一角。

后来几天，我们青龙头灾民被安排到横山钢铁厂去吃公家的救济饭。我嘛，家中有粮食，没外出去吃饭，都在自己家里吃。拼命抢险救灾，我当时根本没想什么，只顾出大力去抢救物品，尽力助人渡过难关。

我们村里总共有三间泥房倒塌。倒毁房屋户头，没了落脚点，有好几年都住宿在东隍庙里，一直到新建成钢筋混凝土抗洪的洋房，才搬离。

因为水灾面前公而忘私抢险，尤其关键时刻还救过人，当年的《浙江日报》刊登过我的先进事迹。只是没保存下来当年的报纸，时日也记不清了。后来，村支书要我入党，我自认为是个出力可以，但文化不高的农民，没敢去积极上进，我却无怨无悔。

再后来，区里要培养我，曾经招收我到机械厂做工人。我呢，家里穷，人也本分憨厚，就一直乐意在基层做着。县里的企业也去蹲过，可惜我到底是个本分平民，号召不了别人，不适应管人，落末，还是一个普通人。

话说救人抢险口碑好，我迎娶了一个好老婆。老婆是寿昌街上的知识青年。

时至今日，要我来追忆那场灾难，我还是说不来高调的话，我只是凭做人本心才那样奋勇去救人救物。

坐墙头上划洪水

□ 项流恒 口述　唐铭国新 整理

1972年时，我年纪23足岁，已是小伙子，身强力壮。

8月2日那天就落雨不住点。记得到3日11点，水流开始从家里满上来。于铁路门洞往东过不去那么多，折南往寿昌江流去，在寿昌公路大桥桥面满溢奔涌。1969年有过大洪水，我们家房屋没倒塌，就认为1972年这次问题不会太大，人躲家里，啥地方都没去。后来见到大水涨势迅猛，才急忙搬物抢救东西。这个时候，到屋外扫视，四围都是白晃晃的水，白得亮眼。

家里东西不多，之前物品自然也不多。我家物品就拎出来一只箱子，背出来一张八仙桌，锅铲、菜刀就放在桌子上。担心被洪水冲走，用一根柴索将桌腿绑牢，另一头绑在门前当凳子的狭长青条石上。浪头一波波打来，再要逃命，我不会游泳，也感觉来不及，顺势就站到屋外围墙上去。起初，围墙露出水面，水还在脚底，人站着，只是有些惊心。不过，随着水位继续抬升，水流速度抬升加快，我好几次差点摔下去。于胆战心惊之余，不管三七二十一，干脆分开两腿骑坐在围墙上来避险。这时的境况是这样：水位漫过围墙，人坐在墙上，水淹没过屁股，有“齐腰”

深。正以为稍微可以放些心下来，水波却一波一波击打回来。

不说我坐稳墙头，竟还要对付上游漂浮来的物品袭击人身。情急之下，并没有趁手的木棒类物品带牢身边，唯有用手划水来避让。浮来物品里有菜橱、千斤缸，各式各样都有。千斤缸不止一只，是西门酒厂里漂流出来的。对于这些大物品，还要凭借稍微侧身来避开。坐门前水没过腰的围墙上，用双手划面前水里直冲过来的杂物。其中，老鼠有不少，光光是菜花蛇和水蛇就有五六条，真正令人胆战心惊。好在水蛇里无毒的居多，再是蛇也只顾逃命，都被我划远了，终究还幸运。

我们一家都没有逃离家很远。弟弟、妹妹与母亲三人，在水势涨快后，躲到门口附近的一块船型高地小土丘上。他们还好，可以站着，比我相对轻松点。

村民都不敢呆屋内避洪。即使像我们没逃到远处高地，也都要跑到屋外。我本来可以与母亲他们一起去避险，我所在的围墙距离母亲他们避难的小土丘只有20来米远，但是，要管顾八仙桌等物品，我只能够独坐围墙上作坚守，也就有了独特的遇险经历。我们一家于住宅附近逃洪水，虚惊一场，终于懒活了下来。特别值得一提的是，1969年寿昌也曾经闹洪水，我家住宅围墙被冲毁，重新修建，就到横山钢铁厂去买来炉渣拌和黄泥舂泥墙，十分牢固，没有于大水里泡烂倒塌，才能够有幸救了我一命。

村里人，许多都逃到村东高坝铁路上去，都躲过一劫，保住性命。他们先知先觉，煞是灵光。

有三四个村民逃往西边老街方向，是上行，是在逆水流歪歪斜斜艰难地踱步。不料，到小洋桥那里，被一股强劲的弄堂水冲倒，卷进洪水里溺亡，成为悲剧。

桑园里自然村房屋多为泥制矮平房。整个东门村，大概有 20 幢房子倒塌。泥房浸水六七个小时，脚泥烊掉，整座房子就软软地趴进水里。一塌全塌，断壁残垣，几乎不见踪迹。水退后才露出来。只是邻居老张家泥屋有木榀架及木楼板支撑着，泥墙倒了，榀架竟还斜斜地竖着。劫后村落，一片荒凉。

落晚，到水浅小下去，县城里的快艇再开不上来抢险了。到煞黑时分，水基本退尽。之后，我们家才将物品搬到铁路上去。

接下去几天，区委用大铁锅焖饭，提供给灾民吃。人们虽着急焦虑，却尚有序排队吃饭。稻田里幸好只是抢收好，还没能够抢种。尽管稻秧遭受冲毁，损失干净，但是，没有浪费多少劳力。后来，区委派到东门蹲点指导抗灾的干部周根荣，他带领村领导到处去寻找和调剂稻秧来插地。再有一部分是购买二九青超短熟稻种来育苗，来补救。少数实在来不及的稻田，改种旱季作物玉米，减少了损失。

说到洪灾严重，就要多说东门铁路高坝几句。从寿昌火车站方向到横山钢铁厂有一条厂里的专用铁路，于东门村境内筑起 10 余米高的土坝路基。南北走向，大约有 3 里地长度，与东西走向的寿昌江和小溪流垂直交错。换句话来说，铁路高坝一体两面，它既救了许多村民的命，也是造成东门和整个寿昌有特大洪灾的障碍物。要知道，高坝拦住了洪水回旋往返，郁闭于内，只是经由两个 5 米宽和 10 米高的门式洞洞冲出去少部分，迅猛上涨不用多提。要我来说，“八三”洪水成因有寿昌江流域普遍持续降下几天的特大暴雨，再是有稻草、树木等堵住了十八桥，让洪水冲进寿昌西门，又有上游主城江边泥质沙土公路部分路段被毁，洪水倒灌进城里来，也加剧灾害。当然，还决计不能够排除东门有一道铁路高坝这一层原因。

我在“八三”洪水中的经历

□ 沈立钧 口述 姚吉鸿 整理

1972 年 8 月，受当年 9 号台风影响，更楼是 8 月 2 日上午 10 点多钟开始下雨的，到第二天凌晨后雨越下越大。

我家住在老 320 国道南侧的田畈里，是更楼大队的一个自然村，这里的地基比周围田野里要高一些。当初我家门前有一条路通往更楼火车站，更楼老街以及新市、黄岙等村的村民到火车站都走这条道，路基比我家屋基略高。我们全家有三间泥墙房子，分家时候我的父母住一间，我的弟弟住一间，我和妻儿住一间。

8 月 3 日中午过后，田野里的水开始慢慢满上来，眼看水就要满到我们家房子了，我们就将能够移的东西搬到隔壁邓彩香家里。邓彩香丈夫是南下干部，土改时他们家分到一间过去地主住的花厅（花厅有三间，还有二间由房管会管理），花厅的屋基比我家要高五六十厘米，墙是砖砌的，砖墙怕火不怕水。我把家里的一头七八十斤重的猪用绳子套住它的脖子，绳子的另一端绑在她家的柱子上，把家里面的十几只鸡用箩筐盖住放在她家院子里，又将一张八仙桌也放在她家院子里，还有一壶菜油就搁在桌子上。

下午 1 点多钟后，我家里开始浸水了。去火车站的路上还没有水，我就让我的父亲带上我4岁的大儿子与母亲还有我的弟弟先转移到更楼粮站，我的妻子要留下来，因为她有身孕，我也让她跟他们一起走，家里的一只破箱子和几件破旧衣服就让他们随身携带。我一个人想把家里面的一张老式床拆掉移出来，老式床四角有四根小木柱用以支撑头顶架子的，我用斧头敲打榫头，因为受潮，榫头很难脱开，期间我观察洪水进进出出好几次。下午2点左右，家里灶膛里一些柴棍已经浮起来漂到我跟前，我又到外面看了一次，这时候去火车站的路上已经有十几厘米深的水了。我再次用斧头去敲打木床榫头，家里已经涨有七八十厘米深的水了，我用手指去挖家里的墙脚，墙上的泥土像浆糊状了。我立即走出家门站在去火车站的路上。不到5分钟，我们的三间泥房瞬间倒塌，只看到屋栋尖在水面上。这时候雨渐渐地停了，去火车站的路上水已经涨到六七十厘米，洪水还不断涌来，一堆一堆的稻草漂移下来，很多西瓜滚滚而下，还有猪、鸡也不断漂流下来，我手握一条扁担拼命向火车站方向逃去。

火车站房屋后面有一条沿铁路路基延伸的L型水沟，平时穿着鞋子都能跨过这条水沟。可今天水流湍急，铁路上有一位我家隔壁的女村民，用绳子丢下来救我，我没抓着，就将手中的扁担递过去，她也没接住。这个时候，上游有一个稻草堆漂下来把我推下了水沟，我的双脚沉下去，也没有沉到底。水沟水深已经超过我一人高了，平时我会凫水，我想凫水爬上铁路，但巨大的洪水冲击力还是把我冲走。我的妻子看见后，在铁路上大呼救命。我被冲出一段路搁在水沟的直角处，我才顺势爬上铁路。

下午3点多点样子，是洪水的高峰，我们站在铁路上向更楼望去，一片汪洋，再向湖琴畈、后塘这边田野看去，积水也很深。我们沿着铁路向西到更楼粮站避险。村民徐友根当时住在粮站内的一间小屋里，晚饭时我们向粮站借了些面条放在他那里烧着吃。

粮站后面有个小土山，1958年大跃进大炼钢铁的时候，人们在小山坡上建起了许多小土窑，晚上我们就在废弃的小土窑里过夜。我怀着忐忑不安的心情迷迷糊糊地睡到8月4日凌晨2点钟，这个时候洪水早已退去，我借着月光走回家，家里除了空基外片瓦不留，于是我又回到小土窑里等天亮。

天亮后我到邓彩香家，捆绑猪的柱子上只剩下一条断了的绳子，再找猪时，猪在邓彩香家古老又结实的木床上，还把她家一酒坛的小麦将坛打翻吃光了。我家那十几只鸡则蹲在她家用来晒衣服的竹丫和竹杆上，或许洪水退去后它们觉得离地面太高不敢跳下来吧。院子里的八仙桌被洪水冲得四脚朝天，桌子上那壶菜油也被洪水冲走了。过了几天我才得知，家里的木床已经漂移到更楼下游的曲斗村。

“八三”洪水袭来后

□ 邵志臻 口述　谢建萍 整理

一、洪水来袭

1972年，当时28岁的我在村广播站工作。6月底被招为一名国家正式的工作人员，8月份将调往在洋溪的新单位上班，任团委书记，准备8月5日去新岗位报到。

这一年7月严重干旱，绝大部分山塘水库都放干了，7月31日人们还在抗旱。8月1日上午下起了毛毛雨，中午后大到暴雨，一直下到8月3日午后，整整下了两天两夜，降水量之大实属空前。

当日中午，为庆贺我去新单位上班，当大队干部的父亲准备在家中宴请王书记、几位村邻好友一起用午饭，我的母亲在厨房忙着杀鸡，烧菜，做饭。这时，父亲一边急匆匆地从外面跑进家门，一边焦急地说：“要出大事了！”

此时，屋外的雨势越来越大，乌天黑地地下着，雨量也越来越大。父亲告诉我们，由于石屏方向的洪水不断地涌来，滚滚浊流竞奔寿昌溪，溪水水位急骤上升，本来的涓涓溪流，两日之间竟成了浩浩荡荡的巨川大河，溪满堤决，两岸谷地、田畈尽没水底。据后来了解，当时洪水侵入了寿昌镇内，街上水浅处可以没股，深处噬脐，有的地方甚至可以灭顶。平时的低山矮丘，只剩顶巅露出水面，如西湖南岸的彭头山，看起来就像一个半岛。两日前笑语欢腾的农家村舍，竟尽陷入水中，房倒屋塌声隆隆，未全倒的房子，残架支离倾侧水中，还完整的房子，东一幢、西一幢孤独地立在水中。水面上的稻草、树木、房架木料、床板、箱柜，夹杂着牲畜尸体，随波逐流，蜂拥而下。

整个寿昌，汪洋一片，烟波浩渺，真是触目惊心。

二、抢救稻谷

“早稻还没有入库呢!”父亲没有坐下歇个脚，几位村邻就立马起身，我也连忙跟着他们跑出家门，紧随其后。父亲和王书记等人，冲出家门，奔向雨中，奔向村里，边跑边喊：“洪水要来了，赶快去仓库抢救粮食!”各家各户的青壮年纷纷去抢救粮食。

村里的粮食储存在低洼处的仓库里，作为生产队长的父亲邵元彰，马上组织了很多村民开始畚粮、挑粮，一担一担的粮食挑到学校里，倒在平常供学生演出的高高的水泥戏台上。才过半个小时，洪水随着脚后跟进入了仓库。稻谷只抢挑了三分之一，晒在晒谷场的谷子根本来不及收，几十厘米的粮食就这样眼巴巴地被洪水淹没，冲走。

水势越来越急，也越来越凶，约有 1.5 米高，当时竟达到我的胸部。村民们惊慌失措，拖儿带女地开始往村后高地的那个坟堆山跑。当时我爷爷舍不得家里的那头猪，冒着危险去抬猪，惊慌中的猪吓得乱窜，实在难以移动半步。父亲冲着爷爷喊：不要抬了，危险！忍痛看着养了半年多的猪被洪水冲走……

全村老小，一拨一拨的逃离村子，跑到村后的坟堆山上。有的站在台阶上，有的坐在泥地里，哭成一片……

三、竹排救人

洪水还在不断地涌上来，满上来，坟堆山也面临着被水淹的危险，怎么办？

灾情就是命令，时间就是生命。村干部迅速奔赴抗洪抢险第一线，并积极组织村民们开始扎竹排。几根毛竹并排，扎成一个竹排，三五人一组，年轻人撑排，冒着几米高的浪冲来的危险，将村民们一个一个地送往村外高地上的砖瓦厂。大家心里都明白，留在坟堆山上肯定是死，坐竹排离开虽然危险，但有活的希望与可能。

置留在砖瓦厂、学校等地的村民，政府安排了人员送吃送穿的。横钢工作人员送来了饭菜，村民们自拿自吃。学校食堂专门准备了早中晚三餐，三四天里，村民们每天在食堂集中用餐。

我还听说，我们村里有一位同姓邵的村民，他家的房子是用上好的木头造的新房子，实在不舍得离开。洪水来时，他就把自家的存折用线系着挂在脖子上，人爬到房梁上……房梁上的他看到村子里的房子，先是一间间泥墙老房子倒了，再是新一点的房子也倒了，接着一幢接着一幢地倒了！非常庆幸，他家房子泥筑外墙慢慢地倒了，房梁柱没有倒，他就紧紧抱着一根梁木漂在水上，直到洪水渐渐退去得以救出。

四、灾情惨重

洪水渐渐退去。

我又冷又饿，一个人回到湿湿的屋里。家里空荡荡的，地面淤积着乱泥，流淌着洪水，什么吃的也没有，好不容易找到一块木板，搁于水面一米多高，搭成一张简易床。和衣躺在床上，湿湿的衣服慢慢地靠体温吸干，无法入睡。水为什么这样大？家里怎么办？日子怎么过？

这个时候，村民邵水根打着手电过来，手里还带点吃的。我们俩就坐在临时搭的床上，双脚汲着地面的水，如同坐在船上，根本不敢睡。第二天一早，老丈人听说了，挑了点吃的送过来。

一场突如其来的洪水来袭，造成十八桥村损失惨重，难以计算。整个十八桥村共180多户人家，房屋未被冲毁的只剩寥寥十几户。十八桥下村3间，中村11间，其中就有吴铁民父亲家，另外还有上林桥一幢青砖结构房几间，和砖瓦厂人家的3间，整个村只剩下13个户头的20多间房没有被洪水冲毁。

全村800多亩良田，230余亩变成了沙滩，损毁稍轻点的也有200多亩，共有400多亩良田被洪水损毁。

全村储存在仓库的粮食大部分被冲光。堰坝冲掉8处，防洪堤坝冲毁20多处，损毁渠道、桥梁机耕路40多处。村民养的鸡、猪、羊，全部冲走，不留一只。

五、重建家园

这样的水灾如果发生在解放前，不晓得有多少人葬身洪水？幸存者不晓得何以为生？不晓得有多少人会沦为乞丐，流落他乡？大水之后必有凶年，又会有多少人死于疫疠？更不知遭遇灾情的村民何年何月才能恢复旧日的生活？

党心连着民心，暖流胜过洪流。万幸我们有共产党的领导，一方有难，八方支援，上述悲惨局面并未发生，当年晚秋作物还获得了丰收。党和政府还给每户拨救济款建房，人们很快重建了家园，而且不少人家的新居比旧居的数量和质量都有改善。

治理前的寿昌江，一年总要发生几次大大小小的洪水，种的稻谷、玉米、果树、桑树连年被洪水冲掉，只要一下大雨，两岸的村民总会提心吊胆，治理寿昌江成了人们心中最大的愿望。“八三”洪水过后，在党和政府的关怀与领导下，村党支部组织了党员、干部、群众对寿昌江进行了治理。先后在寿昌江的寿昌桥、西门、十八桥等地筑起了坚实的堤坝，疏通了江道，架起了桥梁，还修筑了水库，建起了堰坝等引水工程进行农田灌溉。另外，平整田地，加宽河道，铺平道路，封山育林、绿化造林、合理垦植……一代代的村民不断地治理，阻挡了肆虐的洪水，桀骜不驯的洪魔最终归于平静，人们过上安居乐业的幸福生活。

洪水肆虐下的溪口

□ 邱士城 口述　谢建萍 整理

1972年那时候，农村属于集体所有制。山林坡地是集体的，粮田庄稼是集体的，山塘水库也是集体的。我当时是冯家大队第一生产队的一名社员。

8月1日，天气开始下雨，下下停停。早早为防旱而蓄上水的山塘水库里，水渐渐满上来、满上来。2日晚上，雨势加大，一直下到3日中午。山塘水库的水已经漫出水库沿向外流泄，情况十分危急!

清潭方向的洪水一路顺着石门庄村、朝阳村、清潭村、盘山村前的溪往下涌，上马方向的山溪洪水越聚越多，越来越急，也一道冲下来，两股洪水在地势较低的溪口汇合，聚拢的水势显得更加来势汹汹。

只见洪水急浪里，毛猪冲下来，稻柜冲下来，碗厨、桌子各式家具冲下来了，连棺材也有冲下来的。水面上，漂着盆啊罐的，七七八八，什么都有。看着村子里的泥墙房屋一间一间地在洪水中倒塌，房梁连着椽架子倾倒在浑黄的洪水之中，慢慢地不见踪影。

徐韩村书记徐海荣，披着蓑衣，戴着笠帽，穿着草鞋，站在柏树底大喊：村民们，赶紧往高处转移！不要去捞！如果去捞，没收东西，还要罚你们的款！村民们一边眼巴巴地看着，谁也不敢去捞，一边急急地逃往高处。溪口村有一户姓林的人家，他们家房子大，砖木结构，那一天足有100多村民躲到他家里躲避洪水。

事后还听说，当日徐韩大队的赤脚医生诸连根夫妻俩和他们的朋友冯炳财被洪水冲走。他们家当时住在诸家村，房子地势较低，水很快就漫进村来。他和老婆舍不得家里的衣物、器具等被洪水冲走，于是，冒着生命危险收拾，装箱。他们的朋友冯炳财那天本应去田畈做泥工，后来因为遇上水大不能去，于是到诸连根家躲雨，他也帮着夫妻俩一起抢救财物。三人收拾了一部分衣物财产，挑着衣箱准备往高处逃跑，不料上游突然涌来的洪水大浪猛地打来，夫妻俩和冯炳财一块儿连箱带人被无情的洪水冲走，再也没有爬起来。说实在的，当时家里的每件衣物对还处于贫穷年代的农村人家来说都是非常珍贵的，如果稍有一刻的迟疑，不急着逃离村子，随时都有可能被洪水冲走，落得跟赤脚医生诸连根夫妻俩一样的悲剧。

8月正是瓜果成熟的季节。我还听说，大同周家村一名社员，在高桥桥头下的溪滩边田瓜地里搭棚，为了防贼看瓜守夜。3日晚上，父子俩睡在简易棚里。哪里料到，李家方向下来的洪水，越过久山湖的堤坝，急速冲下。水流不断增大，又急又猛，加上又是漆黑的晚上，洪水连棚带人一起把父子俩冲走，虽说他儿子水性好，但是在这样的晚上突遇这么大的洪水，谁也不曾料到。真是人间惨剧！

山渣坞水库，那是全公社的大水库，全公社社员共同修筑起的水库，一方农田的灌溉靠的全是它。如果水库溃坝，那损失就不得了了。

洪水不断地漫上来，山渣坞水库越来越危急。村广播响起：社员同志们，大家赶快去参加山渣坞水库抗洪抢险。

公社干部宁林祥是个好干部，他指挥着大家说：留守干部按照广播通知，在水库下游组织村民抢险。于是，全村社员，有的带上大柴刀，有的找草包，有的砍木桩，纷纷加入抢险队伍！他自己呢，戴着笠帽，穿着蓑衣、草鞋，组织郎家与冯家两个大队社员在坝上抢险，村民们有装草包袋的，立木桩的，搬大溪石的，大家想尽办法地坚固坝底，防止溃坝。宁林祥和村民们一起投入抗洪抢险的洪流，直到水库安全后才返回。

洪水无情人有情

□ 翁恒跃 口述　谢建萍 整理

“八三”洪水那年是1972年，我正当21虚岁，是冯家大队第一生产队的一名社员。我的外公、岳母、老婆的姐夫等亲戚都住在溪口村。

当时的溪口东山头是座坟山，还没有村民在山上造房安居。

8月1日、2日，大雨下下停停，到了3日上午10点光景，从上马溪与清潭溪方向来的洪水，越聚越大，越来越急，都涌到溪口汇合，然后冲进村里，水稻田里，庄稼地里。我家对面有一个凉亭，凉亭旁边有一个水口，水深有1米多，上坝的洪水漫过水坝，坝下的稻田至少有四五十亩，全部被水淹没。由于溪口地势低，情况非常危急!

溪口村有一个高音喇叭，大队支部书记翁宇正，对着喇叭大声地喊：村民们，洪水来了，赶紧往东山头转移!

村民吴北松（吴北海的弟弟）当时是大队的会计，他一边打着铜锣，一边向村里大喊：赶紧往东山头转移！不要为了家里的东西把命丢掉!

我家房子坐落在小山坡上，因为地势高，溪口的村民和一些亲戚都往我家跑。当天，大大小小、老老少少，有四五十个人挤在我家，全身衣服湿透。父母是村里的裁缝，他们叫我把家里所有的衣服都找出来，不论是新的还是旧的，不管是好的还是破的，全拿出来给村民们换上。

吃饭问题怎么解决？——家里大锅焖饭，大火烧菜。直到傍晚，洪水还没有退去，家里实在没有多少米，仅有的一点米已经全部焖煮了。现在只有稻柜里还有一点稻谷，这是村里刚收割来分到家里的一部分。母亲对我说，不能让大家饿着肚子，要吃饭就用石臼臼稻米。于是，大家一起帮忙现臼稻米，然后把刚臼出的米烧出大锅饭，就着家里的一点菜，分批将就着吃，解决肚子饥饿问题。

洪水退去，省政府有直升机丢下传单和饼干，向灾民表示慰问，鼓励村民抢收抢种。稻田里还有一部分没有及时收割的稻子被全部冲掉，刚种下的一批稻秧也被冲得乱七八糟。村干部组织村民们下田去救稻秧，让我们将被压在沙粒中的稻秧一株一株地扶起来，然后用水洗一下，扶正。被水冲毁的稻田，没有泥土不能种水稻，而且瓦粒石块多，于是大家到高一点的坡地挑泥，及时补种上荞麦等。

村民们在地里忙种时，天上直升机飞来，飞得很低很低。然后，就看到一个小包一个小包的东西丢下来，还有一张张的传单到处飞起来。大队书记刘开基站在坡地上，大声地喊：“不要去抢，统一交给大队，由生产队再统一分给大家！”后来，每位村民都分到了饼干，每人 4 块，压缩的。上面还派人送来了各种救灾衣物，有困难的村民还领到衣服，困难多的村民可以多领。

县委书记张树声，穿蓑衣，戴斗笠，肩搭毛巾，身背水壶，一个人下乡了解灾情。

“以粮为纲，备战备荒为人民。”“深挖洞，广积粮，不称霸。”在那个时代，粮食显得非常重要，每个村民要卖余粮给国家，每个生产队都有储备粮，但大队没有权力动用。灾情下，生产队向上级部门打报告，于是大队分得一些粮食及时救助了灾情中的村民。

人们至今还清楚地记得，在洪水袭来后，在地质灾害点、在山体滑坡的公路上、在一片汪洋的泽国中，经常能见到村干部带领着抢险队员，背着群众转移到平安的地方，帮助群众从洪水中搬运物资，扛砂袋筑堤坝以保受灾群众安全。

暖流胜过洪流，洪水无情人有情。

抢救粮食

□宋 艳

施国生是上世纪70年代村里的文化人，寿昌中学初中毕业。在那个农业学大寨的时代，施国生顺理成章地留在了村里务农，并担任村植保员。作为当时文化扫盲的主力军，他常常去村里的祠堂教村民识字。那时候广播还是新鲜货，村里只有一个，因为教学的关系，他是少数几个可以听到广播的人之一。

1972年8月1日下午起，雨越下越大，天就像破了一样。广播里开始急急地提醒洪峰要到了，让大家做好防洪准备。村里此时也接到通知，让大家赶紧往地势高的地方转移。可是，被干旱折腾了太久的村民，难得遇上这么一场雨，虽然大得恐怖，但潜意识里大家还是兴奋的，因为田里的庄稼终于不用靠水车生存了。于是，施国生也像诸多村民一样，压根就没想带着家人转移。

暴雨，一直下个不停。3日早晨，上游流下来的水无处分流，全都汹涌地倒灌进村里，据说是上游的水库满出来了。施国生的家是4间泥房，就在离小溪十10多米的路边。他因为是村里植保员，一早就去了村里。他的妻子在发现洪水逼近后，匆匆把生产队里分来的粮食和一些被子衣物放到了高些的桌子上，家里穷，没有太多的东西可以收拾，也幸好没有在家里停留太久，带着孩子们逃了出来。还未跑多远，身后的房子就倒塌了。柔弱的女人，在危险面前潜能暴发，她带着的3个小孩，分别只有1岁、2岁、3岁，一只手抱着一个，另一只手牵着一个，背上还背着一个。他们一路奔跑，手上牵着的儿子，一下子没注意，突然摔到水里去了。幸亏一边逃跑的周文老师，看到了差点被急流卷走的孩子，冲过来一把将孩子拉了上来。如果当时没有周老师，如果周老师动作慢上几秒，那这个可爱的孩子就被洪水卷走了。那种与死神擦肩而过的感觉，让施国生现在想来还心有余悸。

恐惧，暂时掩盖了失去家园的悲伤。女人和孩子，跌跌撞撞地逃到一个叫莲塘的山脚下，家里什么也没有带出来。而这个时候，只要有命在，什么都不重要了。

洪水面前，大家都在逃，可是集体的东西，作为植保员，是必须跟着队长一起看牢的。虽然有对家的愧疚，但集体利益却被当时的队干部摆在了第一位。堆在粮仓里的谷物是没有时间转移出来了，队长说一定要让粮食的损失降到最低。几个人站着的地方，是一个离粮仓较近地势较高的土堆，水一层层翻卷着涨上来，有1米5左右深，周边的房子成片成片地倒去。随后粮仓也倒下了，树木、房子倒掉后的木头、稻草类的东西在浑浊的水里翻滚着，随即漂流而下。此情此景，他们的心在滴血，那是他们生活的家和糊口的本呀！

下午1点多钟开始，水开始慢慢退去，到三四点钟，水基本退尽。于是，村干部立即召集家家户户的男劳力过来抢救粮食。庆幸的是，一堆堆的谷子因为房子倒塌压下来，反而没有被水冲走。

大家如获至宝，小心地拿掉上面的瓦片、树枝以及各种乱糟糟的脏物后，成堆的谷子静静地躺在浑黄的泥糊糊里。一部分人把谷子连泥带水一起用箩筐装起来抬出去，另一部分人则一遍遍地用水清洗。这时候，大家多么希望能够有个大太阳能把谷子晒晒干。可天意弄人，到 5 号那天还在下着雨，谷子没撑住，全部都发了芽。

自从 8 月 3 日房屋倒塌后，施国生一家子晚上就住在一个做瓦片的窑棚里。水退后，他们找到家的位置，把埋在泥下的锅子挖起来带了过来，没有粮食，他们就问村子最里头房子未倒塌的人家借了两三斤米，没舍得一次多吃，只煮了点稀饭，只要孩子能吃饱就成。

后来，村里发芽的粮食也用来分给大家了，一人 10 斤。发芽的粮食加上里面未洗尽的泥沙，咬着常常嘎崩嘎崩地响，实在很难下咽，可就是这样的粮食，帮助村里的人度过了洪灾难关。

洪灾无情　人间有暖

□宋　艳

刘永才是刘家大队的植保员。他家位于村里地势最低的地方，七里岗没有破岗时，每年家里都会进几次水，多年应对大水的实战，已积累了很多的经验，因此，刘永才对 1972 年那场洪水表现得还是比较淡定的。

一连两天的大雨，到 8 月 3 日早上 7 点钟时，刘永才家里就进水了。当时水只进了一脚板高，后来雨越下越大，刘永才感觉这次的水与往年的不一样，于是一家子打算撤离，并迅速地开始收拾东西。大件的东西，如床铺实在没有办法搬，刘永才老道地把它们绑在屋前的一棵大乌桕树上，能背能挑的则搬着往高处转移，连锅子都被他们起了起来带走。年迈的父母亲被放在板上拉着跑，刘永才的儿子当时才 3 岁，他把弟弟一直背在背上。

9 点多钟，水迅速满了上来，一下子冲进了窗户，都涨到了胸部那般高，已来不及再带出些什么，刘永才迅速撤离，再宝贝的东西，也没有人命来得重要。一条四脚蛇跟着他一起逃命，聪明的小动物窜上他的领子，安静地伏着，刘永义心里发毛，却不敢拍打，他怕四脚蛇急了咬人。

10 点钟左右，刘永才家的 5 间房屋被洪水冲刷着全部倒塌，已转移到高处的 70 多岁的老父亲，亲眼看见房屋倒下，先是呆呆地看着，随后，眼泪便哗啦啦地流了下来。他自己造的房子，有多不容易他自己最清楚，可是，他引以为豪的家业，就这样被无情的洪水冲走了。整整一天，伤心的老父亲都没有吃过一口饭。

水一直在往上涨，刘永才夫妇把家里抢出来的衣服、被子、厨房用品一个高度一个高度地往上挪。那天水涨上来有二里路，夫妻俩把东西一路搬到三队仓库，直至 5 点多钟才休息。饥饿是肯定的了，没想到的是，洪灾来了，8 月份的天气还这么冷，衣服搬出来的人把毛衣都裹上了身。

村里的房子成片成片地倒下，此起彼伏的哭声凄凄惨惨。有个姓刘的小伙子哭得特别厉害，在一众人群里显得很突兀。细问，原来大队里分给他娶媳妇用的两斤菜油还有家里攒的 50 斤米，全都被大水冲走了，不知道媳妇会不会也泡汤啊！天空还在倾盆地倒着雨水，大家都在说这大雨从未遇见过，吓死人了。有人开始传言：大同的山岭坑水库快要倒了！

不少村民逃着逃着，都聚集在了山脚下的小队仓库里。经历过逃命的村民，松懈下来后便再也无力支撑了，他们有些直接打起了地铺，有些则躺在放稻谷的柜子上。在大家三三两两的聊天中，刘永才听民兵余则明说，村里的一个瞎老人还没有出来，便自告奋勇地用打稻谷的工具把老人从进了水的家里推了出来；横钢工人刘师傅，他家地势高一点，7 点多钟就来帮地势低的人家搬东西了，没想到 9 多钟的时候自己家的房屋也倒掉，自家的东西反而没能抢出来。这世上，好人真不少啊！

刘家两个大队有300多人，受灾后大家吃饭是个大问题，“一队到七队吃，三队到四队吃……”此时队长们的话比世上最好听的音乐还悦耳。那些房子幸存的村民，热情地迎进了遭遇洪灾的村民，一般一户人家都被安排了一二十人，吃的费用则由队里报销。

第二天大家开始着手安顿自己，刘永才一家3口加上父母和弟弟共6人，住进了没有任何亲戚关系的汪新街家。汪新街家有4间房，自己6口人住着，再加上刘永才一家6口，顿时家里都塞得严严实实了。这还不算多的，最多的一户人家，住了30多人呢！灾害面前大家的思想觉悟都高，能帮的都会帮上一把，而且全部免费。

除了小队自救、村民互帮，政府的救灾行动也来得相当迅速。空中的直升机飞得很低很低，传单、饼干、粽子纷纷落下，传单上写着为大家鼓劲的话语，例如“自力更生、艰苦奋斗”之类的，而饼干和粽子则解决了当时的一大难题。建德县寿昌区刘家公社组成了工作组，着力帮助受灾地恢复生活生产，解决困难。刘永才跟着队长到区政府领过罐头、干粮，还跟着支部书记刘根生去公社领过粮管所里的大豆。后来，还有救灾的衣服，领来后都一户户地给受灾的村民送去。这些，都是雪中送炭啊！老人们都说：要是在旧社会，哪里会有这样的待遇。

横山钢铁厂的工人们也赶来支援了，他们停掉了炼钢炉，把村里两个仓库湿透的粮食晾进厂房里，然后用上电动机、排风扇吹干。

家没了，有政府和村民帮着，林业局供应每人1立方木头，瓦片可以很便宜地买，1 万片只要 100 块钱，劳力都免费，大家你帮我，我帮你，相互帮忙着，造房子速度相当快。刘永才当时把家里 80 多斤重的猪牵出来，放在木板上面拖着逃，卖掉后换了 30 多块钱，再拼凑下，很快新房就造起来了。

回忆起百年一遇的“八三”洪水，刘永才感慨：“灾难无情，人间有暖啊！”

睡猪栏的日子

□宋 艳

7 月的太阳，如火般烤着大地，持续的天旱，早已旱得村民心焦；干裂的农田，一连多日都是靠水车抽的水支撑。被干旱折腾得筋疲力尽的徐海清很累，却没有歇一歇的资本，田地里可是大家得以生存的口粮啊，可这样的日子啥时是个头？塘里、溪里的水还可以为农田撑几天？

不知道是不是求雨心切感动了上苍，8 月 1 日上午竟然下起了毛毛雨。终于下雨了，田里庄稼有救了！

可谁又料到，这样的欣喜还没来得及持续多久，心就被随即倾盆而下的大雨泼凉了。看着这黑沉沉的天，丝毫没有停歇的意思，徐海清的父亲不断地念叨着："完了完了，要涨大水了。"

8 月 3 日上午，寿昌江与余洪村小溪的交汇处洪水集聚，并迅速上涌，地势低的人家都逃跑得措手不及，随处可见扶着老人、拖儿带女的村里人，拼命往高处跑。村里很快就汪洋一片，房子在眼前一幢幢地倒去。靠寿昌江边的大礼堂，原有密集的 20 多幢住房，瞬间全部倒塌。水面上，看到最多的是顺着激流横竖打转着漂流而下的木料。刚刚经历了一场惊恐逃命的村民，缓过神来回头看看随着洪水消逝的家园，那种无家可归的悲痛和无奈都化成了阵阵凄惨的哭喊声。

徐海清的家在村里的地势算高的，而屋后的猪栏位置更是高出了房屋一米多，每次村里涨大水，徐海清家的地理优势都是村民们羡慕的。徐海清在帮着嫂子家抢搬了一些东西出来后，看着越下越大的雨和越涨越高的水，一家子也没有放松警惕，他们把屋里的东西搬到了屋后的猪栏里。10点多钟，一直上涨的水，还真的涨到了他们的家中，房子的泥墙被淹了三四十厘米，当然，这比起一大片倒塌的房，已是非常庆幸的了。

傍晚，水终于退了下去。泥墙房是经不起水淹的，必须及时把房中的水清除出来。“家里太危险，泥都掉下来了，你们都不要进去，把外面清理干净，我一个人去清除水就行。”徐海清的父亲去屋里转了下出来后，严厉地拒绝了家人的帮忙，他坚持一个人进去把水舀出来。“那你小心点哎！”母亲一脸担心地在一旁叮嘱着。父爱如山，徐海清永远都不会忘记，他目送着父亲转身进屋的那一刻，看着父亲那为一大家子撑着的宽厚脊梁。

“奶奶回来了，奶奶回来了！”在一家子惊呼声中，徐海清迎上了70多岁的老奶奶。奶奶前几天就出门走亲戚了，她听说村里涨了很大很大的水，在外面一刻也待不住了，她不敢走大路，而是从横钢山上绕着走回来的。山路本就不好走，再加上大雨，老人家一定吃了不少苦。听说邻村有好几个人被水卷走了，这要是路上出点事该如何是好啊！看着牵挂家里急急回归的老人家，一家人说不出一句责备的话，却是想想都后怕的。

夜幕降临，终于安顿完的一家子才感觉到了饥饿。搬出了家里的锅碗瓢盆，在外面搭了个简易锅灶，简单地烧了点吃的填填肚子。这时候，能一家子安全地在一起，哪怕是一点暖汤，都是美味。

家里暂时是不敢进去住了，可以容纳家里人的只有猪栏，堂哥家房子倒掉了，他们一家子也一起挤进了猪栏里。10 多个人，挤在小小的猪栏里，甚至都伸展不开手脚，只有靠在柴堆上睡觉，却没有一个人说苦。奶奶一直睡不着，她还在担心自己手上造起来的房子，是不是可以平安过了这一关。

猪栏里有一只不大的猪，阵阵飘入鼻子的，是难闻的猪栏里的臭味，然而，比起那么多无家可归的人，这又算得了什么呢，至少他们还有个地方可以遮风挡雨。听说那一夜，有二三十户人家是在山上坟头边度过的。

在猪栏里，徐海清一家子一住就是好几天。时隔多年，“八三”洪水以及那段住宿猪栏的记忆，徐海清仍刻骨铭心，他说得最多的是：“真的很幸运，我们一家子都安全地度过了那一场洪灾，才有机会过上今天的好日子。”

最是难忘洪水时

□宋　艳

大同镇郎家村的郎正伟，支援过北大荒，在哈尔滨高中毕业，“八三”洪水那年，他已回村担任生产队会计，同时兼任仓库保管员。聊及那年洪水，如今77岁但仍精神矍铄的老人家说那是他这辈子最刻骨铭心的记忆。

郎家村位于寿昌江旁低洼处，地处田中央，有13个生产队，354户人家，1500多人口，950亩土地。郎家村上游处有个新踪坝，可以隔离寿昌江水，雨大时洪水偶尔也会进村，但1972年8月3日的洪水，却是郎正伟刻骨铭心的记忆。

8月2日夜，天降暴雨，一整晚的骤雨疾风，下得人胆战心惊。后半夜3点多钟，上游郎利成父亲紧急向村里汇报，说河坝出现决堤。危难当前，民兵连长郭如清挨家挨户敲门喊人，很快就召集了二三十个年轻人，主要是共青团员，准备去坝上做紧急抢救。一行人赶到河坝时，用砂石砌成的简陋堤坝已出现五六米宽的缺口，而缺口还在不断扩大。很快，150米左右的堤坝倒塌，本可绕道而行的寿昌江水冲着这一大缺口，急流而下。此时，以众人之力堵坝已无望，考虑坝下村民安全，郭如清带队迅速返回，向各户告知坝倒的紧急情况。因为当时水势还没有特别大，村民们未太放在心上，大家相互观望，并未撤离。

8月3日天亮后，雨势还在增强，广播开始一遍遍紧急呼叫，要求大家迅速撤离，队里干部也挨家挨户催促。区委的农基站站长颜亦林一大早就赶到村里，亲自组织村民分流、撤退。惊慌失措的村民此时已明显地感觉到危险的气息，匆匆往高处奔跑。而颜站长则与村干部一起，挨家挨户检查。他们协助老弱病残安全撤出，还不断地跟他们讲党的政策鼓励他们。9点多钟，水越来越大，村里顿时成了一片汪洋，难分江与田。

郎正伟爷爷辈四兄弟在清朝年间均为秀才，家境富裕，传下来的砖瓦房楼上楼下有400多平方，且地势较高，是村里最好的房屋，洪水并未殃及。洪水上涨时，为防万一，郎正伟的妻子带着3个孩子，与村里诸多老弱幼小一起，全被转移到了村后的学校。还有100多人，基本上都是村里的年轻人，则集中在郎正伟的家里。他们在此地待命，一方面可以第一时间帮助村里做事，另一方面也能及时地回家看看。郎正伟家里还有很多鸡鸭，都是村里人临时抢救出来放在他家里的。

转移到了安全处的村民，看着下面一片汪洋，逃命时的恐慌很快被家园受灾的悲怆所代替。村里的房屋倒塌有8户24间，其中有13间是村里的加工厂。房屋倒塌的人家在哭天喊地，未倒的也在一边默默祈祷，有些甚至开始烧香拜佛。

很庆幸民间有“晚稻不过八五关”之说，也就是下一批稻谷如果不在8月5日前种下去就不会抽穗，于是小队的早稻有95%已收入仓库。村里的仓库是泥房，9点多钟一进水就倒塌了。仓库里堆有5万多斤谷子，预计2万多斤被水淹了，60厘米以下的谷子都被浸在水中，未进水的还有1米多高。这些稻谷，不仅是全村人的口粮，也是村里来年的希望！身兼仓库保管员重任的郎正伟，看在眼里，急在心里。10点多钟雨渐小，洪水开始往下退，第五小队决定，干谷子先抢救出来，湿谷子作为村民口粮分到户，一人分140斤，2万余斤湿谷子需分到28户人家。郎正伟召集了每户一位青壮年，先把瓦片拿掉，然后把干的谷子一筐筐装好先搬出来，腾空旁边高出八九十厘米之前用来堆稻草的地方，摊上毛竹垫皮，将谷子晾在上面。洪水过后，有很深的污泥，虽然两边的路相差并不远，但一路泥泞湿滑，进度却快不起来。20多个人，晚上通宵达旦地干，直至到4日下午才全部完工。

湿的稻谷两三天就会发芽，区农站颜站长出主意，说100斤谷放1斤工业盐，可以预防发芽。在大家还在犹豫要不要放盐时，4日下午，很庆幸地开出了太阳，湿谷子刚好晒干。5日下午，村里飞来了直升机，大家都是第一次见到，非常好奇。直升机在村上空盘旋着，有传单纷纷扬扬地落下，全部都是鼓励受灾人民的，郎正伟还记着上面写着“与天斗、与地斗，人定胜天”等励志语句。这些传单是当时大家的精神支柱，大家认为有北京党中央在关心着大家，有新中国的政府在，肯定可以渡过难关。后来，要是没有政府的支持，很多人家的新房还真一下子造不起来。

郎正伟说起在灾难面前，村民们都特别齐心，大家纷纷援手帮助那些无家可归的乡亲，有些人捡了地瓜，都和大家一起分享。不过他也说了这么一件事，当时有些人的法制观念淡泊，看到洪水从上游冲下来一头猪，还活着，村里8个人就把猪打捞了上来，杀了分着吃掉了。此猪乃上游溪口村村民家中圈养，这件事很快被发现并有人举报。于是，这 8 个村民被冠以“趁火打劫、浑水摸鱼”之名，被责令赔偿并检讨。120 多斤的猪，赔了 60 多元钱，还上交了检讨书。

这件事情的发生，给了村民们一个深刻的教训，同时也是一次实地教育，它教育大家在重大灾情面前，哪怕再苦再难，都要摆正心态，守法守规。

8 月冷雨

□ 李柏根 口述　储海英 整理

1972 年，我 24 岁，是曲斗大队的植保员。当年 8 月初的那场建德百年一遇的洪水，给我留下了深刻的印象。

1972 年 8 月 2 日，台风连连，老天一直狂风暴雨，雨水像是从天上倒下来一样，被风裹卷着扫向农村单薄的泥房。泥墙一片一片地湿了，大家慌乱害怕地过了一天，到了 8 月 3 日，雨还是有增无减，下个不停，山塘水库早已满溢，村边河道里的水也逐渐满上来了，看着这样的天气，大家都担心起来。

3 日中午 10 点左右，只看见上游黄泥水滚滚而来，洪水已经完全不局限在河道内，而是像一匹脱缰的野马，两座山之间几百米宽的田野、道路成一片汪洋。河对岸低洼处几座低矮的房子很快就进水了，眼看着洪水就冲着村里涌来。

那时候的曲斗大队有建德县的养猪试验场，养猪场刚刚运到了两头大母猪和一头公猪，还有几头半大的猪。前面说到的河对岸最早进水的房子就是养猪场，洪水涨涌之前，大队长脑海闪过第一个念头，就是即刻组织年轻力壮的村民去养猪场转移这些猪。

猪兄们也没见过这种水漫金山的场面，素来怕棍棒听指挥的猪兄开始乱窜，村民是想把这些猪赶到地势较高的山脚下的大队会议室那边去，可是这时候的猪偏偏就不听话，四处散跑。怎么办呢？眼看着水位越来越高，大家就去找来木棍和绳索，把两只母猪和一只公猪来了个五花大绑，每头 300 多斤的种猪们，12 个力气比较大的后生村民费了九牛二虎之力，终于把它们抬到了安全的地方，其他的猪就只有继续待在养猪场的“水牢”里了。

我长这么大，第一次见到这样厉害的风和雨。风雨侵蚀着泥墙，湿透的泥墙开始摇摇欲坠，眼看着自己家的墙也慢慢湿透，我找出家里晒稻谷的地垫，打开竖靠在泥墙边，希望它能挡挡风雨。家里的地垫不够用，又去借了几席。大队里靠近河边的房子都开始进水了，我家离河边近，一会儿工夫，家里的水就没过膝盖，家人都开始急着抢搬东西，往地势高的地方转移。安置点主要集中在地势较高的大店口医院和粮站。当时虽已是 8 月，但连续大雨，气温还是比较低，家里也没有什么很值钱的东西，我们背了几箱子衣服就跑出去了，粮食也没顾得上拿。当时我们大队的夏收已经结束，粮食已经分家到户，比较而言，我们生产大队早稻抢收还是比较快的，交完农业税和公粮，分到农户的粮食也不多。

我的妹妹李秀姣当年 17 岁，水满上来大家都很慌乱，我就安排秀姣背我的儿子赶紧逃到医院那边去。我的儿子明明当时才 2 岁，大家用背带把儿子紧紧地绑在秀姣的背上，带子绕了一圈又一圈，生怕没绑紧他会滑下来。门前的路已经不能走了，要转移去医院只能从后门出去经过菜地，爬上竹林里才能绕过去。秀姣撑着雨具，背着孩子，趟着混水，又急又怕。菜地里泥土泥泞，要进入竹林有一处高高的土埂，爬一半又滑下来，再爬又往下滑，后来她搬了几块垫脚石，终于一身污泥地爬上土埂进入竹林。

好不容易到了医院，胡建功医生看见了，发现背上的孩子因为绑得过紧，孩子落在衣服外面的瘦弱的小腿都被扎紫了。“你不要再背了，再这样子背，孩子要背死掉了！”胡建功医生一阵数落后，将2岁的明明从秀姣身上解绑。孩子和家人都没事，也是这次“八三”洪水大灾难中我家的幸事了。

洪水涌来时，我们六七十个年轻力壮的劳力，在下放干部徐浩的带领下到后山水库排水抢险。这次的洪水这么大，与所有的水库放水泄洪也有关系。附近山上都光秃秃的，几年的开荒造地，山上的植被几乎都没有了，雨水一到地面，就很快地集中到低洼处去。水库的水位快速增长，万一水库决堤，后果将更加不堪设想。那时候的水库堤坝都是泥坝，不像现在钢筋水泥浇筑得比较牢固。当时后山水库还没有完工，溢洪道没完全做好，抗险任务更重，六七十个青年人跟着徐浩，背着草包袋直奔后山水库。

徐浩同志给大家分了工，一部分挖土装袋，一部分背草包袋堵缺口，余下包括我在内的20多个人负责水库源头水源的堵截、疏导、分流。我们快速挖开一条通道，把水往边上引，水一次次把通道冲垮，我们就继续不停地挖。大家都穿着蓑衣，戴着斗笠，但是根本就没什么用，一会儿身上就湿透了，也分不清是汗水还是雨水。大伙干得热火朝天，但一停下来就感觉好冷，一边又担心房子是否能挺住，牵挂家人是否安全。

大家在徐浩的指挥下，一直坚持到傍晚。终于雨小一些了，田里、路上的水也逐渐退去，一片汪洋成了一片沙滩，刚种下的晚稻早已不见踪影。后来听说，邻村的乌口水库满溢出来的水冲走了一个抗险的潘姓知青，幸运的是，冲出数十米之后抓住了路边的一棵树，侥幸捡回了一条命。

洪水退去后，河道宽了很多，原来的河堤被洪水掏空冲走，不断冲刷，河边的几处良田已经完全变成了河床。

“八三”洪水已经过去了几十年，但还经常在我的脑海里出现，村里的老人每个人都能讲出很多当年的情景。现在的水利工程做得好，一眼望去，山上、地里、路旁都是一片葱茏，人们再也不用受那种苦了，记忆中那个寒冷的8月，也永远不会再有。

大同村抗洪纪实

□ 陈秋林

1972 年 8 月 2 日、3 日，寿昌、大同地区连续普降暴雨，寿昌江、大同溪洪水暴涨，冲毁沿江两岸田地、房屋，群众受灾严重，这就是百年难遇的寿昌江“八三”洪水。

7 月下旬 8 月初，正是农村抢收抢种的关键时刻。大同三村大畈里金黄的水稻，沉甸甸的稻穗，社员正忙着收割，打稻机声，耕牛犁田的吆喝声，年轻后生肩担稻谷扁担发出的吱吱声，呈现出一派丰收景象。田畈中高音喇叭传出“夏收夏种不过八五关”的口号。社员们不怕苦和累，头顶烈日，脚踩滚烫的田水。早 5 点出工，晚 9 点收工，手脚脱了皮，背上晒出了泡，还继续在大田中你追我赶地搞插秧比赛。辛劳了多天的社员，带着丰收的喜悦进入了梦乡。

2 日深夜，突然，“哗哗哗”的暴雨倾盆而下。三村、下溪边和石桥头自然村就在河边，洪水随即没过河堤。三村党支部书记洪银海、副支书谢华恩，迅速召集团员、民兵，用大石头、门板在村口通道筑起一道挡水堤坝，并重点保护好下溪边水碓房和榨油厂。水碓房里 7 台水碓整齐排列，3 只大米槽、2 台石磨，还有直径50米的大水轮，真是无法转移！榨油厂里工人们正在唱着号子，在施工作业。用一根20多米长的木头撞，撞击着直径2米的油槽，从油槽中流出油来。洪水无情呀！我们向工人们解释要他们停下劳作，和我们一起，能转移的立即转移！

团员青年带头，全村青壮年、年轻妇女踊跃加入抗洪行列，赶紧把地势低的生产队仓库稻谷、物资、农户家具物品，转到地势高的地方去。大家手提肩扛奔跑着，汗流浃背不觉累，没有一点私心杂念。过往家门而不入，相信组织会全盘安排转移。忙了一天的团员民兵，在临时食堂草草吃了几碗饭，又去巡逻放哨，时刻监视着河水上涨。雨还是下个不停，而且越下越大！

3日清晨，仍然是暴雨倾盆，黑压压地下个不停，河里洪水越涨越高。公社传来消息：长林乡石鼓水库、后童水沟桥、黄金坞水库倒塌，又传来溪口乡烂泥坞水库危急！中午时分，郎家河堤被冲毁。有徐韩村民诸葛利成、徐金香夫妻和郎家村民冯炳财被洪水冲走。3日夜，大同村十一生产队的胡思余、胡有根父子在瓜地守夜被洪水冲出10余里，次日在南北村江边找到尸体。洪水席卷田畈中稻草堆和杂物，自西向东溢过河堤，越过大同石桥，犹如一匹脱缰的野马，直奔三村大畈和村庄而来。洪水一浪冲刷河堤，又一浪没过河堤，把良田里泥土冲走。我们无奈地一步步后退，社员们呼儿唤女扶老携幼，来不及收拾行装，匆匆弃家逃至高处躲避。刹那间，水位涨了1米多，三村、郎家、久山湖、富楼、石岑等几个村子竟成了水乡泽国。我们团员民兵只得退至一个大坟堆上。此时，被洪水围困的村庄成了一叶孤舟，交通断绝，广播、电话、电灯全部中断。洪水冲击着泥墙屋，发出“哗……

咯咯咯”的凄厉的声响，一堵泥墙倒下了。紧接着，轰隆一声巨响，一幢房子又倒下了。我们眼睁睁看着自家的、邻居的甚至全村的房子都倒塌了。我们束手无策、无能为力，真是心如刀绞，任凭洪水肆虐。饿了，从水中漂来的甜瓜藤上摘几个半熟青瓜充饥。

傍晚时分，三村对面久山湖村的几百米堤坝被冲垮，三村这边水位下降了50多厘米，几个胆大的年轻人冒险涉水回村。只见三村下溪边，只剩下一幢明朝老式砖瓦房，似孤舟在风雨中飘摇。水面上漂浮着家禽家畜的尸体及杂物，其状惨不忍睹！

4日洪水退去，太阳爬上山岗。只见大同到三村的石桥铁栏杆没有了，河两岸小树和杂草上挂满了垃圾，两岸河堤被冲毁，如同炸弹炸过一样，一个个大洞大坑。河岸两边田地变成了沙石滩。三村龙湫里一畈百亩田被三尺污泥覆盖。大畈中许多来不及收割的水稻，半节深埋在泥土里。秧苗在沙土中挣扎，玉米、甘蔗、大豆无奈地躺在泥浆中。下溪边自然村一个占地5000多平方的水碓房、榨油厂被冲成平地。水碓没了，石磨、米槽没了，大水轮也没了，连几千斤重的榨油机也不知被冲哪里去了。水碓房边两棵4人环抱的大樟树，也连根拔起冲出丈把远，悽惨地躺在河滩上。

被洪水冲击过的村庄全都是残墙断壁，村中布满2尺多深的污泥。一幢明朝时期砖瓦房前，打赤脚穿单衣的妇女，几人一堆用几块石头搭起炉灶烧早饭，有的在火堆里烤番薯、玉米、青豆角。走进砖瓦房，这个占地800多平方老房，原来就住着十几户人家，现在挤进全村200余口，有点挤得透不过气来。村民们个个打赤脚穿单衣，一户三四人、四五人挤在一张木板上睡觉，有的睡在稻草堆里、柴火堆里。没有被子就用蓑衣盖，或用稻草打成的稻草席盖。

大同区社干部来慰问灾民。村民见到干部就七嘴八舌地讲开了，洪水来得太突然了，我们房都冲倒了，家具、用具、粮食许多都没来得及搬，都被洪水冲走了。人逃了出来衣服都没带上，真是一贫如洗呀！区社干部含着眼泪再也看不下去，立即回去组织各行各业，立即发动广大群众，有钱出钱，有力出力，有物出物，全力支援灾区群众生活。住在小山边高处的农户，尽管自家并不宽敞，还是腾出住房，为熟识和不熟识的灾民提供食宿，有的还将自家的好床让给老弱病残者，自己则打地铺。

4日、5日两天，中央两次派直升机到建德的梅城、新安江、寿昌、大同地区上空低飞，空投食物和药品，对灾区人民进行救济慰问。浙江省和杭州市政府及时派出慰问团、抢险组赴建德，深入重灾区指导抗灾自救，组织恢复生产。区、社迅速把慰问品送到各大队、生产队的灾民手中。当时，人民群众感动得流下眼泪，心情十分激动地说：旧社会受这样大的灾早就走投无路了，现在受点灾，毛主席和党中央就派飞机来慰问我们，想到我们受灾人民。毛主席和我们心连心，真是老百姓的大恩人！有了共产党，我们什么都不怕，一切灾害都能战胜！

抢险救灾中的建筑工人队伍

□ 王惠生

1972年8月，建德寿昌溪出现百年不遇的洪灾。那年，我已被建德县统一招工进城，分配在建德县建筑工程队。当年同一批进县建筑工程队的有50多人，一半左右男同志被分配去泥工班，我也在列。

我们这批新人都是先到“泥工培训班”进行专业的技术培训，当时培训作业现场工地是在白沙大桥北端的“建化”，那儿有正在扩建中的水泥球磨车间。

农村俗话说“最怕端午水，不怕七月鬼”，端午节前后下的雨水俗称“端午水”，如果这雨下得过大，会给农民造成威胁，会影响庄稼的收成。搞建筑行业的大都是露天作业，下大雨工地就没法干活。

8月2日那天的雨下得非常大，我们这批工人已停工在家学习。3日早上大雨仍然在下，单位又安排大家在会议室组织学习，队里的泥工、木工一起有20多人，都聚集在传达室隔壁的会议室里读报。大概9点半左右，听得外面有人说：“寿昌江发大水了！寿昌江发大水了！”大家听了全都跑到靠近江边的预制场上看洪水。

混浊的江水已漫过整个江中的砂洲（现在的月亮岛），淹没了单位后面的码头和江堤上的道路。只见斜对岸汪家铁路桥下不断涌出滚滚的黄水，水面上刚开始不时漂浮着一些木柴家什等小件杂物，后来接二连三被洪水卷着冲来的有桌、凳、箱、柜等，还看到大肥猪和杂物一起随洪水直冲而下。我们看得惊心动魄，大家都说得叫人去打捞才好，后来有人说，县政府已组织人员在洋溪水缓处打捞冲下的漂浮物。

4 日早上，天还是下着雨，单位接到县里通知，要求组织人员赴寿昌抢险。单位广播开始通知食堂提前开饭，让职工做好准备，饭后立即组织赴寿昌抢险。吃饭的时候，听说去寿昌的公路有一段已被水淹没不能通行。饭后雨下得小了一点，我们是穿着棕衣戴着斗笠背上工具袋，并扛上锄头、铁锹、翻斗车等必要的工具，先乘沧滩的轮渡到汪家，再走到火车站，坐上新安江火车站“特别抢险专用”的货运车厢到寿昌的。

到寿昌时大约 12 点左右，天已放晴，我们这班人由队长黄金火师傅带队，分配到河南里去抢修危房。路上看到只要是泥墙房被水淹到过的基本全坍倒，老旧砖房也有部分坍倒的，我们到河南里抢修的就是这种单层的老旧砖房。一到现场，大家马上展开工作，清场、搬砖瓦等工序大家明确分工。人人都很紧张快速地投入抢险工作，一个多小时就清出了墙基，拌砂浆的拌砂浆、清旧砖的清理旧砖、砌砖的砌砖，条理分明相互接衔，到当天傍晚倒坍的墙就砌到 2 米高左右。

等大家缓过神来，放下手中的工具时，才发现已是傍晚，天边已露出一抹西夕余光。当晚，大家回新安江时已是 8 点多钟了。

第二天早上，再去寿昌继续干。中饭是从新安江用“小三轮卡”送到寿昌现场吃的，这样又紧张地干了一天的抢修工作，河南里的危房终于修好了。

第三天，我们队又转向下一处危房。东门的仓库也是座老旧的单层房屋，那房屋主要是屋顶部分坍落和年久失修漏水。我们队的泥、木工同时并进，泥工先掀下瓦片传下堆放好，木工师傅上屋面修补，更换腐朽的木料，然后我们重新把瓦传递盖上，再把破损的墙面补好粉刷好。就这样抢修了两天也就修好了这“东门”危房。

我们到寿昌第三天时，寿昌工地被洪水损坏的设施也已修复完整，食堂也开伙了。我们在寿昌抢险的后面几天，中午饭就在寿昌工地食堂吃的。寿昌工地的食堂背后紧靠着一条两三米宽的水沟，当时洪水还没退尽，水沟还剩有半沟的黄水。第四天后，沟水流尽，就露出了部分沟底，我们从食堂窗外望去，竟发现沟中露出一裸尸，尸体背部向天，呈爬跪的姿势，头手足都埋在积水和污泥中。当时立即就有人报了警，我们因为要去东门干活也就走开了，也不知道遇难的是哪户人家。隔天中饭时，沟内早已处理干净。

就这样，1972 年的“八三”洪水事件中，我和同事们一起亲临现场，在寿昌蹲了 4 至 5 天，当年我 28 岁。再后来听说“八三”洪水的受灾户，去洋溪认领回了自己被冲走的部分财物。

重建家园

□ 杨丽荣

1972 年 8 月初，很特殊。

一连下了几天的雨，沙沙作响，又细又密，这让寿昌山峰高田畈村民方长寿有些喜不自胜。毕竟，持续的旱灾让田畈墒情急剧下降，芝麻绿豆等旱地作物都耷拉着脑袋，急需天降甘露“解渴”。

方长寿，时年 28 岁，早已是 3 个孩子的父亲，这在上世纪六七十年代崇尚早婚的农村十分常见。作为家里的“顶梁柱”、村里的壮劳力，他既要为一家老小生计而勤力，又要为庄稼长势收成情况而劳心。

紧随而至的降温，让方长寿等村民享受到了另一重惊喜——“那天冷得古怪，温度一下子降到了 10 多度，很多人都穿上了夹衣。”至今，许多村民回忆起那天的情况，都不约而同地提到了“冷”，没有一丝一毫夏天的感觉。

然而，这样的喜悦却没有持续太久。8 月 3 日上午 10 点 40 左右，雨量渐增，洪水汹涌而至，漫过河堤，漫过田畈，冲进村落。那时，高田畈人建造的夯土墙房子大同小异——土石混合的地基低矮，夯土墙身里掺杂着茅草，然后木架上盖着茅草或青瓦。在洪水的冲击和浸泡下，靠近河岸的房子最先像病人一样，脚跟一软就轰然倒塌了。然后，木质的房顶驮着瓦片，如脱缰的船一样冲了出去。

与村里人一样，方长寿用箩筐挑着孩子，妻子抱着稍微值钱点的细软物件，逃到了后山山顶避难。

“天啊，是我家房子倒了！”当村里第一栋房子倒下时，女主人呼天抢地，泪流满面，引得大家一片同情。可这种同情并没有持续太久，因为随着洪水的推进，村里大部分夯土房相继坍塌。“这里轰隆倒一栋，那里轰隆倒一栋。倒得多了，人也麻木了，最多喊一嗓子——哎呀，我家也倒了。”在方长寿的记忆里，高田畈靠近河边，倒塌了90%的房子，只有靠近山脚的房子和村中间的五六户没有坍塌。在家园坍塌的绝望无助中，方长寿家的房子也未能幸免。

荡平房屋，摧毁良田，之后，洪水迅速退却，留下了肆虐的罪证——村里到处断壁残垣，很少有成型的房屋，幸存了五六户青砖瓦房；田畈里堆积了20至30厘米厚的淤泥，虽脏臭但也肥沃，也让灾后抢种的玉米得到了滋养，获得了大丰收。

当天晚上，在村委的安排下，方长寿带着老婆和3个孩子借住村民家。像他一样借住村民或亲戚家的人比较多，有些甚至三四户挤在一起。上世纪六七十年代，大家的居住条件十分有限，灾民借住就更显拥挤了。白天，方长寿跟着大伙到倒塌的仓库去抢挖粮食，翻洗晾晒。晚上，他就着村民的锅灶烧点救济物资填饱肚子，然后拔来艾蒿焚烧驱蚊，“蚊虫多且毒，咬在孩子身上，马上就鼓起大包，好几天都不消肿。”

第二天，县委、县政府领导深入灾区慰问，省里也派直升机连续3天抛撒“自力更生、艰苦奋斗”的传单，以及压缩饼干等干粮。一周以后，县里运来了社会募捐的旧衣服，并组织工人阶级队伍帮助抢耕抢种。

随后，灾后重建，村民造房成为大事。

俗话说，“一朝遭蛇咬十年怕井绳”。惨遭洪水祸害后，方长寿等大部分村民选择了在沿山重建房屋。其实，选址是小事，村委理解心有余悸的村民，并支持“迁址到地势高的山坡上”造房的举动。

然而，那时造房只能一切从简。“那时，整个国家还处于‘文化大革命’时期，经济薄弱，补足给我们的救济款也只有40多元。”这点钱，要买木头、买瓦片，还要雇佣人工夯土造房，不精打细算不行。

筹集造房所需的材料却“难坏了”方长寿等村民，特别是木材。“那时，政府分配给我们半个立方的木头，而且在硬木之中还搭了四分之一的松木。于是，我们将好一点的硬木做梁或檩，差一点的搭配挖回的旧木头使用，拿来做椽子与门窗。”与方长寿一样，好几位村民说到重建，都使用了“想方设法搞材料”的说法，但最终很多人家只有房顶上能见到木头。

除了木头，瓦片也难弄。那时，农村普遍使用的是黑布瓦，是需要提前到砖瓦厂定制的。但由于大家都要重新建造房屋，需求量大，下的订单多。下单成功的村民们还要紧盯着砖瓦厂制瓦、烧制、风冷、开窑的每一个生产过程，以便一开窑就能顺利拿到属于自己的黑布瓦。

“出窑时，我专门带了三四个青壮年提前守候在砖瓦厂门口，一开窑就冲进去抢瓦。那时，黑布瓦还没有完全冷却下来，隔着棉线手套都能感觉到热量，但是依旧要搬运到板车上运回家。”方长寿顺利抢回黑布瓦，但由于烧制冷却时间不足，瓦片牢固度不够，经过几个冬天的风霜冰冻就开始酥脆了。

其实，方长寿赶工搭建的三间泥瓦房狭小简陋，连厕所都只建露天的。

五六年以后，村民开始搬离山脚，到地势开阔的平原重建夯土大房。

再后来，翻造砖瓦房，加盖楼房……像绝大多数中国人一样，方长寿人生的头等大事就是忙着建房子。“‘八三’洪水以后，我都造了4次房子。跟大家一样，我们高田畈的房子是越造越多，越造越高，越造越坚固，越造越实了。”

环顾寿昌镇山峰村，这个由原刘家村、高田畈村、山峰村合并组成、2007年6月正式更名的山峰村，土地肥沃，种植业发达，村民生活条件不断提高，住房条件不断改善。相信通过全村人不断努力，人们的生活水平将会更上一层楼。

在破岗开河中成长

□ 杨丽荣

"八三"洪水来袭，寿昌镇山峰村刘家的应寿德才17岁，是一名标准的"后浪"——红卫兵。

那时，初中刚毕业的他在刘家靠山脚的家里休息。听闻寿昌江江水暴涨，应寿德急忙奔出家门，只见夹杂着死猪、死鸡、死鸭和杂木等的浑水浩浩荡荡而来，仅用了两个多小时就荡平村庄，夯土房屋跟纸糊的一样纷纷坍塌。全村700多个灾民夹衣裹被，拖儿带女，驱猪赶鸭，纷纷逃到地势较高的后山避难。

等安顿好妇女老幼，青壮年、红卫兵开始利用两架鱼排前去救助被困村民，应寿德也参与其中，先后将困在屋顶、大树、坟堆上等待救助的老人、小孩、孕妇运送到安全地带。由于救助及时，整个刘家无一人伤亡。

随后，大家历经抢粮糊口、立秋抢种、灾后重建等，但让应寿德印象深刻的是"破开七里岗，根治寿昌江"。

七里岗坐落在刘家、高田畈、余和3个村交界处，不仅将3个村落分隔开来，而且阻挡了寿昌江的一路向前，迫使江水沿山转道，影响了流速。而破岗，就意味着要将高60余米、宽200米的土石结合的山岗挖通挖穿，形成新老两条河道同时分流。

原来，1973年11月，建德县委在大寨虎头山召开临时常委会，研究决定进行“破开七里岗，根治寿昌江”。同年11月中下旬，“七里岗开河工程”动员会在刘家七里岗举行，同时成立治江指挥部。同年12月，破岗正式开工。

“那时，破岗是建德县的重点工程之一，每个村都要抽调2~3名20岁左右的小伙子、小姑娘参加破岗。最终，整个建德县抽调了9个连近千人参加‘破岗工程’。虽然，工作量巨大，但一般工作人员每天能拿到3毛钱的补助，而且还能再算工分，这让过惯苦日子的青壮年都争先恐后地报名。”回忆过去，应寿德坦言，破岗工程除了能够让大家有稳定较好的收入外，还磨砺了自己的人生，提升了个人能力——“我个子小，年龄小，但仍然很幸运地被直属连——九连选中了，而且干了不久就被提拔为副连长。”

直属连，大多是山峰村刘家、高田畈、山峰3个附近村落的村民组成。与其他连队不同，直属连的村民吃住都在自己家里，每日上班一样早出晚归，从事搬运土石、河道整修等体力劳动。毕竟，在上世纪70年代，机械设备奇缺，完全依靠肩挑手推开河造田。响应号召的人们每天起早挖山，搬土石，以蚂蚁啃骨头般的精神，克服技术难关，终于在高田畈区块成功打开防洪凿。彼时有诗为证：“夜观七里岗，灯火通天亮。疑似降神兵，苦战江干上。制伏寿昌江，造田几多响。”

可个人的体悟，远比诗歌的壮志豪情来得更真切。

“上千号人的管理完全是军事化的。早上五六点，吹军队起床号，所有人集中出操，训练军姿，齐步走，跑步走……颇为正式的训练结束以后，每个连队扛着旗帜，排着整齐的队伍前往食堂就餐。之后，爆破炸开石头。爆破手是建德石矿的应树根师傅，每天开始是放小炮，然后放大炮，他非常有经验地打孔、放药、起爆，从未失手过，最后被评为劳动模范。”在应寿德的印象里，还有很多像应树根师傅一样的能干工匠。如石匠能加工开采出来石头，以便在造田或修河道时更好用。而他与大多数人一样，是属于干苦力活的人，但这里面也有能干的人。比如运送土方高手，不仅善于抬土石筐，而且翻斗车也推得好。

作为第一批破岗青年人，应寿德经过 3 年的锻炼，不仅快速成长为副连长，而且也提升了文字总结、人员管理能力。回村后，他立即被当成重点培养对象，逐步成长为刘家支部书记、砖瓦厂厂长等。

“七里岗开河工程”是一个非常巨大、复杂且时间跨度长的工程，需要投入使用的人力、物力数量巨大。以人力为例，从 1973 年 12 月开工，每三年更换一批青年人，直到 90 年代初工程结束，“破岗”无形之中培养和锻炼了许多人才。

其实，“破岗”不仅是辛苦的劳作，而且也有许许多多温情的时刻。

第四批破岗年轻人余和方阿姨回忆时，除了无休止地运送土石以外，就是晚上年轻人欢聚畅聊的美好场景。“刚开始，大家听到小炮都会害怕躲避。到后来，只有连队通知放大炮，才会稍微避开。劳作一天后，年轻人也经常篝火聚会，十分惬意。回家探亲后，大家也会分享家乡特产，这在物资奇缺的年代十分可贵。”

到 1991 年底，按新老河分洪方案结束施工，1992 年转入扫尾。1993年11月，历时20年的劈山造河全部完工。实行新老河道分洪，合计行洪能力每秒1831立方，其中老河道分洪每秒1163立方，新河道每秒668立方，可抵御20年一遇的每秒1807立方洪水。治理后，此工程可保护寿昌镇数万人口免遭洪灾，受益农田200多公顷，造田70多亩。

30余年后的今天，这场天灾在人们的记忆里已经渐渐褪色，但是经历“七里岗开河工程”衍生而来的“蚂蚁精神”依旧深藏在山峰人民的骨血里。今天，刘家村民大力挖掘“敬业、和谐、友善、坚强、睿智、担当、执着、团结”八大精神，并将之作为村庄发展的“基因”，推动村庄围墙革命、庭院革命、公园革命和大项目征迁等，聚焦乡村振兴，以打造产业融合的田园综合体为目标，努力描绘出一幅属于刘家的美丽画卷。

航头村遭遇“八三”洪水记

□ 余树祥 口述　许新宇 整理

1972 年 8 月 3 日，是航头村 2000 村民终身难忘的日子，“八三”洪水冲击航头村，是近百年从未出现过的大水，航头村的上湖下湖直到文昌阁底（如今移动公司和电信工作铁塔）200 余亩稻谷田一片汪洋。

话从 1972 年 8 月 2 日说起，按常规年份，8 月初的天气正接近小暑，是烈日当空酷暑难熬的日子，但是这年的 8 月份天气异常，天冷到可以穿棉袄。这天，虽在下雨，但雨不算大，下午到晚上，雨逐渐下大了。到了 3 日上午 10 点左右，大水满过了通往溪沿大桥的公路，水位不断地上涨，村民们三五成群赶到街路头和窑坑沿看大水，放养在上湖（方塘）里的水葫芦随着大水往下游漂流。身为五队队长的王发高，2 日晚，因天气下着雨，为大河边生产队仓库的几万斤粮食还未转移而寝食难安。3 日天刚亮，眼看着大水即将淹没仓库，王发高发动生产队员抢运粮食，周围已是一片汪洋。本来身体已经不太好的他，加上连续搬运粮食，变得精疲力尽。大水最终淹没了仓库，王发高此时只得慢慢地潜泳。不料他游到徐吉荣的麻地边，也就是我家大门口时，下湖井不远处的田边下沉了，最终王发高被洪水吞没，以身殉职。

3日，雨还在不停地下，许多身负职务的社员把生产队的账本统统装入箱子，和大部分的村民奔向粮站和现在的航中逃难。长辈牵着儿子，大人拉着小孩，年轻人背着老人，成群结队直往高处奔。又有谣言说“红塘水库要倒了”，搞得胆小的队员不敢在家里睡。

拖拉机手将拖拉机开往窑坑沿，把行走不便的老人运往白眉山底。真是天灾大难随时临，逃往高处先避难。

那时候，家家户户有毛猪要养，有养一头、两头的，还有养三头、四头的。要上交国家任务，粮食不宽裕，采猪草也难。眼看大水中有不少水葫芦往下漂流。航头大队一个女知青提着一个篮子急速走到小溪边的公路上去捞水葫芦。哪晓得，大水满过了公路，公路和小溪坎已经一样被水淹没，而水中有浪掀起了波涛，已分不清哪里是路哪里是溪坎。她一脚踩空，被溪水一个浪头卷走，在场的人见状目瞪口呆却手足无措。

灾情从三队社员邓春富说起。大水满来时，他还在家里睡觉，母亲在家门口急忙忙地唤他：“儿啊！外面人都在看大水你不起来看看?”他翻起身来，忙向窑坑沿跑去，看见那围着一群人，又听见呼救声，说时迟那时快，他看见落水者的头发忽隐忽现，随即跃入滚滚的洪流中，朝着落水者的身影而去。他迅猛抓住落水者，使出全力往岸上拖，在浮出水面托起人的时候，由于岸上人配合不好，她又落入水中。邓春富在水中又跟着落水者，在离落水处百余米的地方，又将她奋力托起。岸上人把她拉上了岸，她的老婆婆官某某才松了一口气。

有谁知，刚刚救起了媳妇，又见一个幼儿和20岁的青年王雄柏被大水围困在一个不到2平方米的高墩上。雨还在不停地下，眼看高墩即将淹没。老婆婆心急如焚，一时没了主张。她央求在场的年轻人，到她家去背木横条下来。许多人爬上楼，把二楼堆放的横条往楼下搬，没过几分钟，10余根横木已背到溪边。她又急急忙忙跑去找撑过筏的，当时已经52岁的翁寿春。他二话没说，立即开始捆扎简易筏，在众人的协助下木筏扎好，他又急忙跑到徐德兴母亲那里借来撑杆。翁寿春凭着自己的经验和官某某的寄托，将木筏朝着高墩撑去，到达幼儿和王雄柏畏缩在的高墩边。二人坐上木筏，不料木筏有些下沉，因为木质的筏没有毛竹制的筏承重力好，只得一个一个来。幼儿先坐上筏，翁寿春朝着文昌阁底撑去，由于水大，撑杆很难撑到底，用不上力，眼看木筏将卷入大溪，翁寿春吓得不知所措，还好一撑杆撑到六亩头的围墩上，猛一用力，向着文昌阁底撑去，避免了落入大江的危流中。幼儿救上了岸，心中的石头落地，此时老婆婆想让翁寿春继续把王雄柏救来，此时翁寿春已经被大水吓破了胆，脸色苍白，无力再去了。

谁知道，王雄柏眼看着孤身一人，见无人去救他，心生胆怯，准备自游求生。由于腹内饥饿，天气又冷，体力难支，下水游了二三百米，在六亩头的田边下沉了，离开了人间，时年20岁左右。

说也怪，他所在的高墩，大水最终没有漫掉，蓑衣还在，若不自游求生，始终坚守在那，也许没有生命危险，真是的，人的生命天排定。

“八三”洪水，冲袭我们航头大桥头南侧，把桥头和公路冲出一个2米多的大缺口，村里的粮仓和村民的住房倒塌6户，农田被毁10余亩，田塍毁坏200米，稻田淹没200余亩，全村死亡2人，后来修复田地石塍的人工达1000余工。

航头粮站原来在溪沿，“八三”洪水受淹，后来改建在航头村南面的白眉山脚，溪沿村不少农户房屋倒塌后去落山崖。

这就是我见闻“八三”洪水的情况。

洪水见真情

□ 邵晋辉

1972年的“八三”洪水，一场百年不遇的自然灾害。

6月中旬以来，寿昌地区久旱无雨，炎炎夏日，溪流干涸，山塘水库几乎见底。受7号台风影响。8月2日上午，寿昌地区开始普降大雨，3日整个上午暴雨如注，两天的降雨总量达314.5毫米，上游流域平均降雨量达到355.3毫米，寿昌江水位高达51.18米，十八桥成为当时寿昌地区受灾最严重的村子。

据原窑上村85岁的王永香老人回忆，2日下午雨量加大，并且大雨一直不停，晚上村里安排了夜巡。晚上10点多，河水已经几近堤面，巡夜的人敲着锣，打着脸盆，挨家挨户叫人起床准备搬家。幸运的是11点多雨渐渐小了，大水开始慢慢退去。

3日上午，乌天黑地，暴雨倾盆。上午6点半左右，上游的上马乡黄金坞水库开始满溢，各条支流暴涨，小江溪上的蔡郎坝溃坝……寿昌江是一条山溪性河流，一路汇集大同、劳村、童家、乌龙、小江、南浦、翠坑6条较大溪流，还有若干小溪流，流域长，落差大。时值早稻刚收割完成，田野里堆积着大量的稻草，洪水所过之处，泥沙俱下，同时席卷着大量杂物滚滚而来。当时的寿昌江，河滩上有大片的芦苇、艾草，路边是整排的枫杨树，由于连日大雨，河岸垮塌，岸边很多树木被连根拔起，冲到寿昌林场桥时遇阻，汇聚在一起堵住桥瓮，林场桥成了一座堤坝。奔腾而至的洪水至此受阻，冲击，漩涡，咆哮，寻找出路，开始向两岸漫延，冲进十八桥村。原窑上村地势稍高，而且村庄就在山脚，村民开始向山上转移。

午时，大雨倾盆。11 点半左右，家中的洪水已齐腰。望着对面的十八桥，早已一片汪洋，房屋开始倒塌。因为是泥墙屋，长时间的浸泡，加上这一波洪水的冲刷，开始轰然倒塌。几位老人回忆，可以清楚地看到一座座房屋倒塌时涌起的浊浪，听到轰然的闷声。人们开始号啕大哭，女人、老人在祈求老天不要再下雨了，祈求洪水快快退去。村里的男人和青壮年忙着互相帮忙、搬家、抢险……

航头吴潭村的吴顺清家里开水碓房，开始，老吴守着水碓不肯不肯离开。最后洪水冲倒了水碓，老吴和他 16 岁的儿子抱着一根木头被冲到江中。洪水湍急，在离航头桥几十米远的地方，他对儿子说，到时候你用力跳，我帮你。接着老吴开始大声喊救命。桥上挤满了看大水的人，有人找了一根水钩扁担（两头用短绳绑着钩子的扁担，有用竹子做的，有用木头做的），早早地放下，垂向水面。临近桥墩的一刹那，老吴奋力托起儿子，儿子抓住了扁担，获救了。千钧一发之际，老吴一个扎猛子，从桥瓮里冲了过去，冲出一二十米，才钻出水面。老吴是一位非常聪明能干的人，当时是建德县的“双铧犁能手”，还是村里的屠户，从小就能戏水。尽管戏水很有本领，经过这一番折腾，老吴也是又冷又累又怕，经过石井山一处坟堆时，老吴挣扎着爬上坟堆，死死抱着一根电杆，不时地喊救命。

正在忙前忙后的上官雅斌、周炳成、江文焕（有说两人的，有说三人的）发现了这一情况，商量着该怎么办。救人，很危险；不救，眼看天要黑了，可能要死人。不能见死不救啊！

在水里浸泡了四五个小时的老吴，又冷又饿又累，体力已经渐渐不支。上官雅斌家正准备造房子，家里备有木料，当下就翻出几根椽木，扎成一只木排，开始救人。木排几次被激流冲远，几次迂回努力，最后成功靠近坟堆，将老吴救出。当晚老吴就在塘坞口江文焕家过了一夜。江文焕将自家干爽的衣服给他穿，招待他吃过晚饭，安排他睡在床上。第二天一大早，老吴谢过后就急匆匆往家里赶。

上官雅斌的妻子王永香回忆说：他这人很记情的，洪水过后我家造房子，他还拎了10斤猪肉来家里，怎么也不肯收钱，只留下来吃了餐饭，那时可是连饭都吃不饱的年代啊。

“八三”洪水带来痛苦和损失的同时，也再一次见证了几千年来中国农民淳朴善良互助互守的品质。洪水和灾后重建期间，隔壁邻居、相识与不相识的、干部与群众之间患难相助的例子不胜枚举，正是这种中华民族传统美德的光芒，再一次帮助他们走出困境，走向希望。

“八三”洪水过后，南岸本来逐水而居的滩下村、窑上村重新建房时选择了依山而建，是为了远离那一段痛苦的记忆，也是一次惨痛的经历教训。时至今日，随着社会经济的发展和水利工程的建设，寿昌江防洪工程不但能抵御百年一遇的洪水，而且已经成为村民们健身休闲的好去处。

生产队的工分簿

□ 翁祖湘 口述 沈伟富 整理

我家住在寿昌渡船头，边上就是建德第三人民院，家门口就是公路，再过去，就是寿昌江了。以前，往来河南里，都在我家门前的埠头上，上下渡船，渡船头这个名字就是这样来的。

我们家在寿昌街上算是一个大家族，有“翁半县”的说法。但是，我们翁家人历来看不起生意人，也不赞成做官，讲究“耕读传家”。所以，我们虽然住在城里，却大多数是种田人，出息点的就是知识分子。我父亲曾经当过寿昌中学的校长，可惜40多岁就去世了。我的3个哥哥和两个姐姐，也都是知识分子，都在外面工作。我是建德师范毕业，但是由于历史原因，还没有走上讲台，就被下放到田里种田了。不过这样也好，因为我家里的老母亲总要有人来服侍。那时候，我们家里一共3个人，我、母亲，还有一个妹妹。我们一家3口，住在一幢从地主家里买来的老屋里。

1972年，我28岁，是个正正式式的整劳力，拿10分底分。因为有文化，生产队叫我当工分记账员。每天晚上，我都拿着工分簿，到翁家厅里去记工分，生产队里的其他人也都过去核对。大家在一起聊聊天，再各自回家休息。我也带着工分簿回家睡觉。

8月2日，旱了好长时候的天，开始下起了雨，而且越下越大。但由于要赶季节，我们男劳力照样都下田拔秧种田。

到了下午，秧田里的水开始满起来了，拔好的秧都浮在水面上，田里的秧苗只露出一点点叶子。我们坐的秧凳几乎是贴在水面上，人差不多是坐在水面上拔秧了。过了一会，队长喊：大家不要拔了，快去仓库里搬稻谷，仓库快进水了。

我们生产队的仓库在西湖边，那里地势低，西湖里的水很容易满进来。我们跑到仓库门口，外面的水轰隆轰隆地涌到西湖里来，很吓人。大家就开始抢搬堆在仓库里的3万多斤稻谷。那时也没有麻袋，只好用箩筐挑，生产队里的箩筐不够用，一些住得近的人就回家去把自己家里的箩筐挑来用。

离仓库大约80多米远的地方，有个照相馆——寿昌照相馆，是国营的，房子砖墙二层楼，地势又高，把稻谷放在那里，会比较安全。但人家是国营单位，肯让我们放吗？情急之下，队长找到照相馆的负责人协商，要求他们把二楼让给我们堆放稻谷，照相馆负责人也真是好，不仅同意了我们的要求，还主动把一些重要器材移开，腾出一个很大的空间让我们堆稻谷。我们那么多的人，进进出出，把照相馆的里里外外弄得一塌糊涂，地面上全是泥水，还有散落的谷子，他们也不说，还帮助我们一起堆稻谷。

我们一直搬到天黑，共搬了2万来斤，看看老天虽然还在下大雨，但西湖里的水还没有满到仓库门口来，队长才叫大家暂时歇下来，回家去，如果晚上雨还下，西湖涨水，大家继续来搬。

到了第二天，也就是8月3日，雨不但没有停，而且下得更大了，队长叫大家继续到仓库里去搬稻谷。可是没搬多久，西湖里的水就上来了，满进了仓库。再过了一会，那个水不知道从哪里来的，涌来涌来，一下子就看不见路了。队长说，大家不要搬了，都回家去，看看自己家里进水没有。仓库里虽然还有1万多斤稻谷，但都被浸在了水里，搬不成了，大家只好放下箩担，从浑水中摸回家去。

我回到家，家里的水已经有一尺多深了。我一边喊妈妈，一边找。妈妈坐在自己房间里的床上，双脚搁在一张小凳子上，身子在发抖。一看到我，就高兴地叫了我一声。

妈妈是半小脚，平时走路都不太方便，涨水了，就更不敢走了，只好坐在床上，等我回家。

我背起妈妈，就往边上的建德三院走去。门外根本没有了路，我只好用脚先探一探深浅，再往前走一步。

到了医院，那里已经有很多人了，都是从洪水里逃出来的。医院的地势比我们家略高一些，又是砖墙，相对安全些。我把妈妈放放下，在一张凳子上坐好，又出门去，想去看看有没有需要帮忙的。

门口的水已经快淹到大腿了，水里除了稻草、柴火，还有很多木器。耳边时不时传来“轰”的一声，那是房子倒下的声音。那时的寿昌城里，砖墙房子还是不多，像我们西湖边，基本上是泥墙屋，经水一泡，很快就倒了。房子倒在水里，除了一阵浑水，什么都看不见，最多浮出一些木器。我爬到医院门口的一棵香泡树上去，往四周看。门外的公路早就被淹了，和寿昌江一样的平。水里还时不时地有鸡鸭浮出，鸭还好，自己会游泳，鸡游不久，一下子就被浪头打到水里去了。还有猪、狗等，这些家畜在水里挣扎的动作都不一样，看起来又好笑，又可怜，但更多的是可惜，都不知道是谁家的，最后也不知道会被冲到哪里去，它们会不会自己爬上来，或者会被谁捞起来。

在树上看了好一会儿，才爬下树来。医院里的人更多了，他们全都站在水里，有的手上还拿着一些从家里抢出来的东西，有的人还在哭。再看医院的边上，房子差不多都倒光了，但我家的房子还没倒，毕竟是砖墙。

“哎呀，不对。”我大声地叫了起来。妈妈问我什么不对。我说，生产队的工分簿还在家里，那是整个生产队里的人半年的辛苦啊！要是工分簿被大水冲走，或者被水浸泡，看不清的话，那事情就大了。

我赶紧冲向浑水，往家里跑去。妈妈在身后大叫着：当心点！

回到家，家里的水已经到大腿了。我钻进房间，水刚好满到写字台的抽屉底。我拉开抽屉，拿出工分簿，就往外走。可是天上还下着大雨，这样拿着工分簿，会被淋湿的。我又找出一件长袖衣服，穿在身上，然后把工分簿夹在胳肢窝下，冲出门，往医院里去。——这是我在这次洪水中，除了妈妈外，抢救出来的唯一一件东西。

我把工分簿很小心地藏在身上，不让它被水弄湿。这时，我才想起妹妹来。除了妈妈和工分簿，我怎么把妹妹给忘了呢？我四处寻找，问身边的人，有没有看到我妹妹。最后在医院的另一个角落找到了妹妹，她已经被水泡得嘴都发紫了。虽然是在夏天，但她的身子一直在发抖，可能一半是冻的，一半是吓的。我把她叫到妈妈身边，一家人挤在一起，在洪水里站了三四个小时。

到了中午12点光景，水开始退去了，人们也陆陆续续地回家去了。我背着妈妈，领着妹妹，也往家里去。到家一看，只见家里的一只猪呆呆地站在一堆碎瓦片上，看到我们回家，朝我们“嗯嗯嗯”地叫了起来。这时，我才想起家我们里的第四个成员——猪。正屋虽然没有倒，但是，因为猪栏是泥墙屋，倒了，那只猪也真是有点聪明，它没有逃，要是逃的话，很可能也会被大水冲走。它只是找了个高一点的地方，一动不动地站着，等待它的主人回来救它。

洪水完全退去，是在晚边。村里人的房子十有八九都倒了，即使没有倒，也都泡在烂污泥里，一些老人在自己家的屋基里哭出了声，怎么办呢？叫我们住到哪里去呢？年轻一点的都还好，都在相互鼓励，说政府不会不管我们的。

果然，横钢就派人送来了晚饭，是用铁桶挑来的，菜是冬瓜、雪菜，大家都很有秩序地去吃。从那天起，每天的中餐和晚餐，都由横钢送饭，早餐自己解决。我们几个整劳力商量了一下，觉得光吃人家的总不太好意思，还要人家给你挑上门来。于是，从第二天开始，我们几个年轻人每到吃饭的时间点，就主动到横钢食堂去挑饭，虽然每餐都是一样的饭菜，但是全村人都吃得很高兴，特别是一些年纪大点的，他们说，还是毛主席、共产党好，要是在解放前，不知道要饿死多少人。——这样的日子持续了一个多星期。后来，我们就自己烧饭吃了。

当天晚上，全村人都在自己家的屋基上搭棚睡觉。虽然都是烂泥，但大家只好就将就着了。从第二天开始，生产队一边继续组织劳力下地种田，一边清理屋基，重建房屋。村里人你帮我，我帮你，有吃没工钱。没多久，很多人家就把房子造起来了，虽然还是泥墙，但是，家家都把墙脚砌得老高老高的，有些人家还到横钢去拉来炉渣，和泥混起来夯墙，一些人说，这是真正的混泥（凝）土。——这些办法，都是为了抵御洪水。

我家只倒了前面的一面墙，修了一下，就可以住了。我的大多数空余时间，都是帮人家造房子，晚上还是照样到翁家厅去给大家记工分账。好在队长英明，事先就把生产队里大多数稻谷搬到了照相馆里，虽然还有 1 万多斤稻谷还在仓库里，洪水过后，我们去看，那些稻谷被盖在烂污泥里。大家一起把这些稻谷挖出来，洗洗干净，晒晒干，分给大家。虽然泥沙有点多，但还能将就着吃。

那一年，村里没有一户一人因为缺粮而饿肚子。

紧急转移

□ 徐荣成 口述　汪国云 整理

（徐荣成，男，76岁，1978年担任石砚大队大队长，1984年担任石砚村支书，一直到1998年退下来。）

现在的大同、李家两镇，是旧时寿昌县的西乡。我们石砚村就在西乡水口上大同溪的北岸。我们这个村集居在田畈中间，农户住房比较集中。大同溪好像一只弯曲抱村的手臂，从村南边绕过，流向水口，向东汇入寿昌江。

1972年的时候，我们石砚村是行政村，叫石砚大队，共200多人口。那年我28岁，当时正响应公社提出“双抢不过八五关”的要求，参加生产队里的夏收夏种劳动，我们整个村的晚稻插秧基本结束。

因前期雨水下得多、下得透，整个西乡地区雨水蓄积已到饱和状态。8月3日这天上午连续下了3个多小时的大暴雨，很快就造成洪水暴发。9点半左右，从上游奔腾而来的洪水接近我们村最西头的石岭脚下。

由于上游的蛟溪与上马溪汇聚起来的水流湍急汹涌，河道无法承受，加上村西头河道向南拐弯，汹涌的水流很快溢出河道，从石岭山脚边的田畈里冲过来，在村的北面形成了一股不小的水流，向东奔涌，把我们的整个村庄包围在里面。

紧急转移！当时赶到现场的公社驻队干部老叶与生产队长夏秀元等骨干分子，马上组织指挥村民立刻向北边的山上转移。

大同溪洪水从村西头涌上岸来后，首当其冲的是石岭脚的一座凉亭，共有3间房子，里面住着甘姓人家的七八个人，这些人刚转移到凉亭山上的安全地带，就看见那3间房子很快被洪水包围，不一会儿就倾倒在洪流中。看到这个情景的人都不由得倒吸了一口凉气！

我们下游一点的人家就直往北边的馒头山奔跑。夏树华、杨寿春等青壮年在前面带队，男女老少都互相照应，互相帮衬，扶老携幼，快速走过水流尚不很急的小路，奔向馒头山山坡。这当中曾经出现过极其危险的一幕：妇女邱云香在着急地趟水走路的时候，不小心脚下踩了个空，整个身子沉入水中，幸好走在后边的夏树华眼疾手快，猛力一把将她拖了上来。另外还有6个人，因当时洪水来得太猛，来不及转移，只好跑到村中那个较高的土坎上，依托那棵古樟树，坚持到洪水退去。

当我们聚集在馒头山坡地上往下看时，田野上一片汪洋，整个村庄都浸泡在洪水中，只有那个长着古樟树的小土堆没被淹没。

我们看到，水面上漂浮着从上游村庄里冲出来的木头、毛竹、木床、桌凳、椅子，甚至还有活猪，都被往下游冲去。最让大家惊叹的是，洪流的中央浮动着一个大稻草堆，稻草堆顶上站着四五只鸡，摇摇晃晃，露出惊恐的样子，随着稻草堆向寿昌江方向流去。

我们打着伞，站在坡地上边看边着急地等待着，期待洪水早点过去。我老婆抱着我们那 3 岁的女儿，小家伙大概是有点饿急了，竟然努嘴去吸吮伞柄上的水滴！

俗话说“易涨易退山溪水”，半个多小时后，田畈里洪水便退去了，大家陆陆续续回村中察看家里的情况，全村有 20 多幢泥墙房屋全部倒塌了。只有那些砖瓦结构的房子还保存完好。

当时，我的家在一个叫十亩丘的田畈边上，有两间比较宽敞的泥墙房，一间隔成两间作堂屋和卧室，另一间作灶屋和堆放农具等。我曾经从横钢买来炉渣当水泥，对堂屋的基础进行加固，粉刷墙面，包裹了一米多高，比较牢固，没有倒塌；而灶屋泥墙被洪水浸泡冲刷后，出了问题。当我与妻子韩国琴回到村里的时候，我家那两间房屋都还挺立着的，我们以为没事情了，妻子就走进灶屋打算做饭吃，她发现灶屋里的水缸没有了，走到堂屋里一看，哈哈，水缸居然被冲到这里来了。这个时候，我发现灶屋的泥墙裂缝在增大，好像在摇晃，我赶紧与妻子从大门跑到院子里。这时候，灶屋轰然倒塌。好惊险啊！这样，我们只好收拾收拾，暂时生活在这剩下的一间房屋里。

大队里安置那些房屋全部倒塌的农户住到村大会堂里，或者暂住到亲朋好友家中，并安排这些农户第一批建房。我家在那仅剩的一间房屋里住了一年多，后来被大队里安排第二批建房，4 间泥墙房屋就建造在馒头山脚。

十分庆幸的是，在这样一场罕见的洪水中，由于公社和大队干部及时组织农户转移，党员骨干带头抗洪抢险，大家在转移过程中互相帮衬，互相照顾，全村没有出现人员伤亡。夏秀元在组织村民安全转移的同时，还冒险抢救生产队的重要物资，减少村集体的损失。事后，夏秀元因为在这次抗洪抢险过程中表现积极勇敢，被党组织批准加入了中国共产党。

铜锣响了

□ 李文全 口述　汪国云 整理

我叫李文全，今年 87 岁了，是李家镇李家村的村民。现在的李家村是由原来的李家、曙光、前山排 3 个行政村合并而来的。1972 年的时候，这 3 个村还是各自独立的大队，我们李家大队有 1070 人。当时，我担任大队管委会成员兼民兵连长。

历史上，李家这一带称为四灵乡，因为有龙、凤、龟、麟 4 座山分布在四周。我们李家村北面的那座山叫龟山，本地人也叫邵家山，因为邵姓人家迁移到此地定居比较早。由西而来的蛟溪经龟山南边山脚向东流去。

我们李家全村就聚集在蛟溪南岸边。经过较长历史的建设和发展，李家村中间建成了一条近 400 米的东西向老街，成为当地的经济、文化中心，李家公社的供销社、粮站、布店、收购站、医院等国营和集体单位都建造在这老街两边。

四灵乡一带的地势是南高北低，我们李家村居北边，临蛟溪而居，地势最低，也就是说，遭受洪水灾害的可能性最大。上游有西坑源、北坑源、葛溪源、小源里等 4 个源头的水流都汇聚到蛟溪中来。以前雨水足的年份，就曾经遇到过几次洪水漫过蛟溪堤坝流进村庄的情况。因此，为保证群众生命财产安全，以防万一，村干部商量，跟广大群众约定，一旦出现洪水灾情，马上安排人以敲铜锣为洪灾警报，组织村民迅速有序地向南边的安全地带转移。

1972 年 8 月初，天一直在下大雨，我们村干部就开始安排人员昼夜值班，关注雨水和洪流情况。当时，祠堂是生产队的仓库，我们估计会有危险，就组织青壮劳力先把仓库里的稻谷搬运到安全的地方去。到了 8 月 3 日早上，蛟溪水势明显加大，水位已经越过了警界线。我们村西面是一片田畈，因这次洪水来得迅猛，将田畈西头的堤坝冲开一个缺口，决堤了的洪水仿佛是脱了缰绳的野马，淹过田畈，向村庄冲来。

我们马上一边安排人即刻敲响铜锣，通知大家赶快向南边的西塘蓬转移，一边安排民兵、青壮年照顾那些老弱病残人员转移。有些实在不能走的，就安排人员背或者抬，决不落下一个人。

这个时候，从村西头冲进老街的洪水不断在增高，很快就达到齐腰深了，老街成了一条汹涌的河流。水又顺势冲进居户的家里，整个村庄因地势低矮，全部进了水。我冒雨在组织民兵青年帮助大家转移过程中，看见李刚富的奶奶站在家门口着急地哭，因为她是缠过脚的，小脚在雨水中走不了路，我马上安慰她不要哭，背起她就往外走，送她到安全的地方歇下来。

幸好，村庄里的房屋大多是砖瓦结构，虽然进水了，但没有倒塌，洪水退去后，没有造成重大损失。村里损失最严重是修建在蛟溪边村集体的养猪场，养猪场 7 间泥墙房在洪水浸泡冲击下全部倒塌。当时，因为大家忙于转移人员和村里的重要财产，顾不上最危险的蛟溪边上的养猪场，那些猪也就被洪水卷走了。事后，曾经听到下游的劳村、大同等地的群众说，他们那里都还看到过在水中挣扎的猪呢！

洪水过后，我们组织劳力到村西田畈里清理杂物和淤泥，只见田头和水沟里还滞留着许多从源头里冲来的一段段的劈柴和长长树枝等，稻田里到处是淤泥和沙石，恢复生产的任务十分艰巨。幸好早稻都已经收割归仓，但刚插下去的晚稻秧苗损失很多。政府马上安排公社粮站负责调配分发种子，能够补种晚稻的就尽力补种，不能插秧的田块，就种上玉米、大豆等作物。

“八三”洪水之后，当地政府从长远着想，考虑到交通便利、安全需要等因素，把李家公社的供销社、粮站、布店、收购站、医院等国营和集体单位，都陆续迁建到青龙山北面的前山排村去了。

“八三”洪水二三事

□ 汪国云

我老家的村庄原来叫曙光大队（现在并入李家镇李家村），我家住在大塘里自然村，背靠麒麟山，面对青龙山。1972 年我十四岁，在李家中学读初中。经历那年的“八三”洪水，有三件事我至今印象深刻。

溪上的老木头桥没了

我们村那条小溪是蛟溪的支流，水流从塘底自然村西边的高塘水库出来，流经曙光、前山排两个村庄，一路向东流至四灵乡的水口旺山庙边，汇入西北面奔流而来的蛟溪。小溪太小，没有正式的名字，因它流经曙光村的距离长一些，也有人称它为曙光溪的。

我家门前晒谷场与曙光溪之间是一片田畈，当时有五丘田呈阶梯形层层递进到晒谷场边，高低落差大约在 4 米左右。曙光溪从西向东而来，汇聚到的都是从小山坞中流出来的细小水流，平时流量不大，遇到大旱年份甚至断流。

但1972年8月3日这天，我站在老家屋檐下，目睹了一场从未有过的洪水泛滥景象：只见溪水漫上岸来，一个劲地沿着田畈往上涌来，眼看门前那五丘田一层一层地被洪水淹没，水浪一直漂过最高那丘田，当时我很紧张，生怕洪水奔涌到晒谷场，冲进家里来！

幸好是“易涨易退山溪水”，过了不久，满田畈的水流就开始往下退去，最后仍然回到溪中奔涌。

洪水过后，我跟着父亲跑到溪边去看，那座架在小溪上的老木头桥没了踪影，连两边石砌的桥墩也都冲毁了。溪边供村妇洗衣裳的埠头，原来排列整齐的大石头，都被洪水冲得变了阵形，仿佛散了队伍休息的士兵，横七竖八地卧在溪滩中间。

右手被水蛇咬了

洪水过后，生产队立即组织劳动力抓紧恢复农业生产。那时候，放暑假在家的学生，年龄稍大一点的，都要参加生产队的劳动赚工分，我也跟着父亲到队里去干活。

队长安排我和另外四五个人到一个叫凉亭边的地方去干活，那里有我们第五生产队的10多亩田。这些田，在洪水前就已经插秧完毕，田里的秧苗有的被洪水冲得东倒西歪，有的连根浮起，有的则被埋入淤泥中。我们这一队人员就是来扶植这些秧苗的。

当时，我年龄偏小，没有劳动经验，只能学着别人的样子做，用手把淤泥堆积多的地方连挖带捧搬到低洼的地方，然后把被泥沙压倒的秧苗扶直来。我见到几株浮在水面上的秧苗时，准备扒拉点泥土把它们重新栽种好来。当我双手伸进水里摸索的时，猛然感到右手虎口被针扎一样的痛，赶紧提起右手，一条还咬住我右手虎口的水蛇被拎了上来，我一用力，把蛇甩了去。这条蛇比大拇指粗一点，将近2尺长。

在一旁干活的堂哥见了，让我用左手握紧右手的手腕，立刻回家处理。

母亲听说我被蛇咬了，很是紧张，马上拿来丝带把右手腕扎紧，然后带我到小溪里用清沙擦洗，只见缕缕血丝袅袅流进水中。这时，邻居江生的母亲来安慰我和母亲，她说：“水蛇没有毒的，不要怕。水蛇咬，运气好！”

运气好不好我才不管呢，水蛇毒性不大，过后无大碍，倒是令人欣慰的。但毕竟是被蛇咬，我当时着实受惊吓了一场。至今想到那被蛇咬的一幕，仍然后怕！

写了一首打油诗

9月初，学校正常开学了。教我们班语文的邵永刚老师在布置作文任务时，要求我们以刚刚过去的“八三”洪水为内容写一篇作文。

我苦思冥想，居然挤出了一首打油诗：“八三洪水何所有，许多财产被冲走。若问洪水有多大，汹涌波浪田畈流。马路田埂都不见，桌椅凳子水中游。损失虽大莫叹气，恢复生产要加油。”

作文簿交上去后，令我感到意外的是，在第二堂语文课时，邵老师专门把我的那首打油诗当着同学们的面朗读了一遍，还希望大家像我一样多练练写作。这对我是一个很大的鼓励，我后来一直喜爱写作，跟邵老师的这次鼓励分不开。此前也写过一些作文，但都忘记了，唯有这首诗至今还记得。原因不是诗写得有多少好，而是因为受到邵老师的表扬，虚荣心使然。

生命的搏斗

□ 鄢永烈 口述　鄢　俊 整理

1972年8月2日，正是双抢最紧张的季节。进度快的生产队已经接近尾声；其他生产队也肯定能在立秋前后结束。但是，这一天开始的暴雨，完全打乱了原本正常的生产计划。

那天下午2点光景，天空开始下起了小雨。到3点钟，雨已经很大了，天空黑沉沉的。本来夏秋季节天气多雷雨，但是都很短，一般半小时就过去了。但这一天，就是与往常不一样，没有像常态的夏天那样打雷闪电的，雨，却落个不停，一点也没有要停下来的样子。到了4点半，大家身上已经没有一丁点干的地方了，蓑衣和雨衣丝毫不管用，连眼睛都睁不开。大家只好收工，留下秧苗，准备第二天再种。

当日晚上。雨，依然是瓢泼一般，丝毫不肯减小或者停歇。

第二天，也就是8月3日。上午10点，寿昌江里的水已经漫到了我们源口村段寿昌江河岸地势低的地方。村干部决定分片巡查水情，以免发生意外。

12点，里阳自然村已经出现险情。山洪暴发了，山上的巨石、泥沙从一处陡坡塌下来，埋在田里和通往寿昌江的小溪里，把小溪堵住了。因为小溪被堵，泥浆砂石掀起了两尺多高的浪头，黑乎乎地往下冲。看见的社员不禁惊叫“出龙了”。幸亏村干部和其他社员及时赶到，用门板等在周朋云家上面拦住，就像一道堤坝一样，泥石流才没有将周朋云两兄弟的房屋冲掉，也没有造成人员伤亡。但是一队的20多亩田已经变成了沙石滩。

此时，外面源口的中畈下畈已经全部淹没在了水中。这时候，我首先想到了水文站。

那时，建在我们源口的水文站就是建德县的中心水文站，不但负责寿昌江源口段的水文测量工作，还要汇总其他水文站送来的资料，再送到杭州市水文总站。当时源口水文站一共有5位工作人员，洪水期间还要雇用我们源口本村人。3日那天，水位上涨快，我们村的叶寿富、方小根也被叫去帮忙。

水文站的测量房建在五队田里，是砖混结构，当时只有水文站这样的国家重要设施，才有如此让村民艳羡景仰的房屋。那天，叶寿富、方小根还有水文站的老邵，3个人一起在测量房里紧张地工作着。下午1点，水已经满到测量房的田里了。2点，大水一涨再涨，离地面足有1.6米深，眼看就要漫进测量房里面去了！

情况不妙！由于这里位于寿昌江直线到黄泥墩直角转弯的下方，叫波浪丘，江面很窄，只有70米的宽度。因此，洪水一上岸，就非常急，差点就把水文站派去测量房联系通知的人冲走。这样一来，测量房和水文站以及村里的联系中断了，情况非常危险。老邵和叶寿富、方小根商量，决定由叶寿富抓着测量用的索道到曲斗（今新安江街道联塘村）去，再到火车站打电话给县防汛指挥部，请求县里派人来救援。

叶寿富抓着测量用的索道艰难地向曲斗前进。

可是不到半个钟头，曲斗那边固定索道的电线杆被冲塌了，索道一下子被大水冲得无影无踪，幸好叶寿富已经脱险到达对岸安全地带了，这才幸免于难。

此时，大雨仍然在下个不停。水，已经进入测量房内了。而且由上而下的洪水的冲击力也是越来越大。下午 3 点左右，测量房在大水的冲击、浸润、渗透下，开始慢慢倒塌。站在离水文站不远处高地的很多人，就那么眼睁睁地看着方小根和老邵被洪水冲走，也只能干着急却无能为力。

县防汛指挥部接到叶寿富的报警电话后，立即派出了救援队员，3 点 20 分钟光景到了源口水文站。此时，村里准备救援的竹排已经扎好了。

情况紧急，必须马上进行救援！

可是救援队员 3 个人只有两套救生衣。其中有一个身体强壮水性好的队员，主动提出不要救生衣（后来英勇牺牲了，建德化工厂工人，今石岭村人）。当时在建德化工厂工作的施小平也主动要求参加到救援工作中来，但是救援队员认为他水性不太好，没有让他上竹排。事后大家都说，如果去了，结果恐怕不容乐观。

救援队员们急匆匆上了竹排，一眨眼，就消失在洪流里了。望着滔滔洪水，大家都惴惴不安，特别是男人在其他地方工作的妇女，很担心丈夫的安全，眼泪都流下来了。

到了 4 点左右，放眼望去，上到黄泥墩、更楼范围，全是一片汪洋，目测距离估计有 4 公里；往下大水已经经过曲斗村，从田畈中间横穿而去；与联塘相对的通往汪家和新安江的大路，大水也已经漫上了，一直淹到山边，很快连路都看不见了。

此时，水文站的电话线、电线杆也被大水冲倒了，水文站也与外界中断了联系。而方小根和老邵此时依然生死不明，救援队员和救援情况也无从得知，真是急死人了。在这种情况下，我赶紧找水文站负责人徐勤积、村书记徐早生商量，商定一定要把这里的灾情赶紧向公社和有关部门汇报，同时，千方百计了解被冲走人员和救援队员的人身安全情况。并决定，由我和汪志刚两人立刻去公社汇报。

我们两人穿着蓑衣，冒着大雨，往汪家和白沙公社前进。由于通往汪家和新安江的大路已经被大水淹没，我们不得不翻过两座山，到了汪家变电所。打电话后，才知道方小根和老邵在老渡船口被救了，现在正躺在医院里治疗；但是救援队还有一个人下落不明。此时的雨小了许多，我们俩从汪家村再翻山，穿过柴草树林，到了庙嘴头边，经过铁路桥，沿着铁路疾行，到达白沙大桥头，经过白沙大桥到达白沙公社。

这时候已经是晚上8点了，派出所的冯所长在公社值守。他安排我们吃了晚饭，带我们到医院看望方小根和老邵。方小根神志很清楚，他告诉我们，测量房的房子倒掉后，他和老邵不到5分钟就被冲到汪家公路桥了。桥下面有很小的桥洞，当时他急中生智，紧紧抓住一根木头，穿过汪家公路桥桥洞，到了庙嘴头边的铁路桥下。这时候遇到了漩涡，两人被漩涡吸着到了水底下，又被漩涡带着往新安江里前进。再浮上来的时候，已经来到了渡船口，不过几秒钟的时间。如果时间再长点，肯定要被闷死在水底。还是新安江的水流速度快，才盖过漩涡的速度，把他们两人托上来。

幸运的是，这时候有好几只船在这里，救了他俩。

冯所长看出了大家的疲态，于是带我俩回招待所休息。此时，雨终于停歇下来了。

第二天，凌晨4点钟，我们就匆忙回家了。当时渡船还没有重新开通，只好重新过白沙大桥。幸好汪家公路桥已经可以行走了，所以回家就不必再翻山了。

8月4日，全体大队干部和生产队长检查灾情，准备开展生产自救。源口牛栏畈一带的灾情最轻，因为从1970年开始，村里花了两年时间，修建了长500米、高6米、坝顶宽4米的防洪堤。但是后邵畈和里阳两个自然村的情况就非常严重了。从石足坎到后邵畈的沿寿昌江岸的60多亩农田，浮土全部被冲光，成了“水泥地”；特别是波浪丘上下的20亩左右农田，有些地方形成了1米多深的深坑。里阳一队20多亩农田变成了沙石滩；三队20亩农田因为回水的缘故，淤塞成一片豆腐脑一样的嫩泥，没有了田塍；严重受灾的有100余亩；还有部分晚稻被沙子埋在了下面。幸运的是没有人畜伤亡。检查过后，通过简短讨论，一致决定马上开展生产自救，安排如下：

一、各生产队调剂晚稻秧苗，并紧急向附近或者外地联系秧苗。

二、抓紧恢复耕地，尽可能种晚稻，实在不能种的，改种玉米、黄豆。

三、加强已经种下的晚稻的管理。

通过公社的联系，5日上午，我和村书记徐早生、四队队长李万华，到富阳县富春江公社去买秧苗。我们3个人坐客车到富阳，过轮渡到富阳县城对面的一个大队。他们听说我们受到严重洪灾，便要无偿支援我们秧苗。徐早生书记下午先回来安排其他事情。到了晚上7点半，公社的大型拖拉机到达富阳。我们装好秧苗，已经8点多了，便赶紧往回运。

那时候的县际公路，路况是很差的，所以驾驶员开得很慢。拖拉机有两个座位，但是没有靠背，加上身体极度疲劳，所以一路上就想瞌睡。好在李万华比较清醒，紧紧地把昏昏欲睡的我扶牢，否则一下子就要掉到拖拉机下面去，恐怕难免受伤。到家的时候已经午夜1点多钟了，我们克服疲倦和睡意，把秧苗一个个放好，绝对不能堆放，否则温度太高了，会伤了秧苗，种下去会严重影响成活率。

第二天，我参加了村里的劳动，目的是指导挖田恢复耕地。用大锄头挖，以溪水浸，再让牛来耙三四遍，最后耘两遍，基本就可以了。因为泥浆少，泥块大，又摊了猪栏肥，再施化肥，肥力和植物适宜度肯定没有问题；但是插秧的时候，手指甲都翻掉了。不过让我高兴的是，这些秧苗长势不错，后来竟然也有400多斤一亩，也算是皇天不负苦心人。

到8月15日，我带着大家进行农田检查，全大队除30亩暂时不能马上恢复外，种下了700多亩晚稻。由于天气好，三队那片“豆腐脑”农田，在8月6日补种“二九青”，大家都以为没有什么收成的，到成熟时居然有500多斤亩产。整个大队不但没有因为“八三”洪水而严重减产，反而全年粮食增产。我们用自己的努力和血汗，换来了大灾之后的增产，创造了一个奇迹！

因为受灾人民的自力更生、艰苦奋斗和互相支援，“八三”洪水在生产上没有带来太大的损失，但是却给灾区人民的健康带来很大影响。我们源口大队就是其中比较严重的大队之一，主要是牛炭疽，这事件可是当时闻名遐迩的。据说民国三十一年，也发生了洪灾。灾后，发生了牛瘟，死了 50 多头耕牛，还死了 3 个人。牛死后，就被扔在寿昌江里，看得见鳗鱼在牛肚子里穿梭。此次灾后的 8 月 20 日，社员方传洪的父亲手上起了 3 个泡泡，到医院去看医生，医生也没有见过这种情况。于是请专家来会诊，才知道这就是牛炭疽，要传染的。专家又问是否发生了水灾，确定后马上将方传洪的父亲进行隔离治疗。卫生防疫站随后就组织人员到我们源口大队，组织全村村民隔离，村里人不外出，外面人也不能进去，进出道路都站岗放哨。对全村用石灰消毒，还用消毒液进行全面喷杀。另外又把全村的 30 多头牛全部赶到离村 20 多里远的后坑坞隔离观察。经过半个月的隔离、消毒，疫情得到控制，没有人、畜感染牛炭疽，村民的生命安全得到了保障。

“八三”洪水发生的那年冬天，县里决定综合治理寿昌江。寿昌江主干道及其支流都砌防洪坝，并对大河小溪的河道进行疏浚。我记得很清楚，工程是由上游到下游的，我们源口到汪家这一段是最后的。到了 2014 年“五水共治”，浙江省水利厅投入 2000 多万元，对我们源口村（现在的梅坪村）段再次治理，砌了一条相当规模的防洪堤。这条堤坝长 1600 米，高 8 米，底宽 8 米，顶宽 4 米。还征用土地 50 多亩，把原来宽 70 米的波浪丘河道加宽到 120 米，还留了滞洪区。这样一来，不但源口不再担心“八三”洪水那样的水患，黄泥墩、更楼等地也大大减轻了防洪的压力；而且这条堤坝上面用六角形的水泥砖铺面，既美观又干净。堤坝两旁斜坡上种了楠木、梅花2000多株，形成了一道亮丽的风景线。许多村民晚饭后会到这里来散步、休息，周末还会有县城里的人和其他各地的人们来这里休闲度假、观赏风景。

转眼间，时间已经过去了近50年了，但是“八三”洪水的惊险场面仍然记忆犹新。可以说，真是一场生命的搏斗，无论是险情发生时的电话求援、翻山去公社汇报，还是第二天马上组织生产自救，以及全村的隔离消杀，都是一场场战斗。我们，在党和政府的领导、支持下，充分发挥独立自主、艰苦奋斗的主人翁精神，顽强拼搏，在这场与“八三”洪水自然灾害的斗争中，终于取得了胜利。

回忆“八三”洪水

□ 汪贤久

1972年8月3日，天阴沉沉的，连续几天瓢泼大雨，天仿佛破了似的，上游的房子、木料、稻草堆、南瓜藤等杂物一直冲向下游，堵住了林场大桥桥洞。大水顺十八桥村石畈另辟一条水溪而下，隔断了十八桥村和上马山村，十八桥村成一座孤岛。中午时分，大水开始猛涨，每倒塌一座泥墙屋，就会腾起一片烟雾，引来一片哭声。接下去房屋一座座倒塌，哭喊声也没有了。

为了向上级求援，村里回乡知青吴铁卿和公社副书记两人，托木排冒死游出村，真是英雄壮举撼天感地。

下午3点多钟，我们站在十八桥村一机埠房旁，马坪庙劳改队一领导吩咐一犯人：游进十八桥村救出一个人，就算立大功减刑。他们征求我意见，我说十八桥村对面是大江，别无出路，犯人不可能逃掉。我和陈炯也脱掉衣裤，只剩下短裤衩，我们准备游回村把10岁的吴铁民救出来。刚下水里，村里的一些老人极力阻止，他们说：这40米宽的急流你们肯定能过去，但要带出一个小孩绝不可能，反而你们也困在村里，因为水流中夹着铁钉、木材、杂物，我们只好放弃。30多年后，吴铁民才得知此事，虽未成行，他特地给我敬酒表示谢意。

傍晚水退去一些，十八桥村村民可以涉水到上马山村，我们家聚集了几十个人，我妈妈蒸了一大饭甑饭，没有什么菜，就腌菜缸里抓了几条腌萝卜块和腌辣椒，大家吃了不够，又蒸了一饭甑。晚上席地而坐，唉声叹气，我说大家大难不死，应该高兴才是。天快黑时，听说十八桥村口三元庙土堆上还有十几个人走不出来，我和朱雪琳进村，水已漫过田塍路，看不清路，我打赤脚前面带路，每转一个直角或一个田缺，插上一根毛竹竿。十几个人，徐金宝背着母亲鱼贯而行，一行人全部安全走出村。

晚上 10 点多钟，吴凤祥睡在我家，抱着旱烟筒老是叹气，原来他家还有两只 100 多斤的毛猪，不知道在哪里。我当时还没有结婚，天地不怕，喝了一口酒，拿上一支三节电筒，打赤脚一人直奔十八桥。到了吴家见大门敞开，门内污泥有半尺深。我进去东照西照，在堂前八仙桌下，猪正躺着，电筒照去，"哦哦"叫了两声。我连忙逃出来，因泥墙已过水，随时可能倒下。回来报告吴老师，他才安心睡觉。

记得十八桥村一学生叫吴永红，房屋倒塌时因脚骨折也住我家，我家的厕所是造在外面的，我只好背他出去上厕所。第二天，十八桥村大水过后一片狼藉。我还看到发小邓国祥医师背着药箱在给人看病。

第二天，我到公社，当天直升机投下几麻袋饼干，都投在横钢。当时青工把麻袋拉到公社办公室，公社书记说陈家公社没有分到饼干，叫我和汪顺生两人拉一袋饼干到陈家公社去。我们俩找了一辆钢丝车，一人拉一人推。刚开始路还好，但过了石陇坑进入寿昌镇，满街堆满货物，一人走路还可以，但拉车很难通过，走到新华书店时已满头大汗。我灵机一动，进书店找到老钟，讨了一张大红纸，我用毛笔写上“毛主席派飞机送来的饼干”，当时人们看到这几个字纷纷让路，一直到寿昌大桥，看到毛维勇部长在指挥交通，他一看到红字，当即叫停所有汽车，为我们开道，终于顺利把饼干送到陈家公社。

“八三”洪水过去多少年了，在我的记忆中总还抹不去，今天碰到陈晔叫我写几个字回忆，回家晚上就写，就此奉上。

一段不能忘记的时光

□ 吴金炳 口述　沈伟富 整理

我们富楼是个山边小村，村里的人家从山脚一层一层地往山上造，从远处看，就像一层层楼梯，富楼这个名字也是这样来的。村里的田全在山脚的寿昌江边。紧靠江边的田畈中间，有一个小村庄，因为村里人大多姓周，因此叫周家。

周家紧贴着寿昌江，所以，那次洪水一来，我们村受灾最严重的就是周家了。

我清楚地记得，1972 年 8 月 3 日的早上，暴雨中的寿昌江水位不断上涨，焦黄的水从上游翻滚着往下游冲来，声音非常的大，轰隆轰隆的，很吓人。周家的上游有一道堤坝，就是为了防止洪水而筑起来的。平常年份，水是不大会满上来的，但是那次的水一下子就冲上了堤坝，堤坝很快就被冲倒了，大水直接往周家冲来，一下子就把周家四周的田全满掉了，周家成了一个孤岛。好在村里的人早就有了准备，老人、小孩、妇女都转移到山上去了，一些年轻的后生还在水中抢搬东西。

我家就住在山上。那天早上，我站在自己家门口，看到下面的水那么大，都吓坏了。因为当时年轻，我还是和村里的几个后生跑到周家，帮助搬东西。水越来越大了，水位不断上升，都快满到腰里，我们只好放弃搬东西，纷纷往山上逃。

我们站在高处，回头看着大水把整个周家一点一点地淌掉。人群中，有人开始哭了起来：这可怎么办啊，我家已经进水了……

大约到了上午9点多到10点光景，周家的房子开始一幢一幢地倒下。每倒一幢，就有人大哭：那是我家啊……到了中午后，全村的房子都倒了，一幢都不剩。这时，山上哭声一片，那场面，用撕心裂肺来形容，是一点都不过分的。哭声让全村人都陷入了情绪的低谷。这时，只听支部书记林向荣一声大吼：都别哭了，哭有什么用？接着，他用和缓的语气对大家说：大家都不要伤心，政府会管我们的，大家都各自找个地方吃饭要紧。

是吃饭的时候了，可是在那样的情况下，谁吃得下饭呢？

又一阵更大的雨从天而降，人们开始担心水会不会再往上涨，如果再往上涨，那么住在高处的几户人家也会很危险。老书记林向荣说，老古话讲：当午大雨，过后必晴，这阵雨下过以后，天肯定会晴起来的。果然，不到半个小时，雨真的小下去了，水不但没有往上涨，而且慢慢地退下去了。林书记对周家人说，周家的房子全部都倒了，但是水还没有完全退去，天会不会再下大雨，还不确定。今天，大家都不要回去，都各自找地方去住。他还跟村里其他没有受灾的人说，每家每户都回去把自己家的房子整理一下，让周家人暂时住一下。说完，林书记抹了抹眼睛，红着眼，走开了。村里人都纷纷邀请周家人到自己家里去。一开始，谁都不肯到别人家里去麻烦人家，都站在雨中，呆呆地看着自己已经变成一片汪洋的家。虽然是在夏天，但我看到，雨中的每个人都在发抖……

这时，有人指着周家村的方向说，村里有几棵梨树，还没有被冲走，树上的梨已经基本成熟了，我们去摘来当中饭。说完，就有几个年轻人蹚着焦黄的水去摘梨。那天中午，周家人就是靠吃那几棵树上的梨度过了伤心的一天。

我回到家，被母亲和妻子臭骂了一顿，说这么半天，你到哪里去了？家里也快被冲走了。我家住得高，根本不会进水。母亲和妻子骂我，是因为我家后面的山上水也很大，直冲下来，吓坏了她们。好在经过她们的努力，水没有把房子冲坏。我说，书记说了，周家人要分散住到各家去。我们家分到两户，赶紧收拾房子，让他们住过来。

住到我家的是周余昌一家和周光禄一家。周余昌有两个儿子，加上他们夫妻俩，一共 4 个人；周光禄当时还刚结婚，只两个人。当时，我们家只有 3 间泥房，两个弟弟，一个妹妹，加上我妈（父亲已经去世），我也刚结婚，一共 6 口人，所以，房子也不宽裕。但是人家的房子都被水冲倒了，更困难，在这种时候，不帮一把人家，是说不过去的。

我用地皮（晒谷用的）把我家隔出几个独立的空间，让周余昌和周光禄两家人住过来。说是独立，其实相互之间根本没有独立的感觉。就这样，我们 3 家 12 口人，就挤在一幢泥房子里。厨房里垒了 3 个灶头，3 家人在一起烧饭。吃饭的时候，也不分你家我家，相互吃来吃去是常事，虽然吃的都不是什么好东西（那时也没有什么好东西吃），但是大家都还很开心。

白天，我们一同出门劳动，晚上，大家吃过晚饭后，都要在一起聊好长时间的天，才各自睡觉去。

第二年，也就是1973年，我和周光禄先后都生了个儿子，从12个人，增加到14个人，我们这个小集体更加热闹了。特别是到了晚上，小孩子难免会哭闹，一个哭，另一个也会哭，哭得大家都不能好好睡觉，但是没有人埋怨。

周余昌在我家住了一年多，就住回到新造好的房子里去了。周光禄在我家住了两年光景才搬出我家。

现在，我们的生活好了，周家和我们一样，房子都已经重新造了好几次了，已经是第二代甚至第三代了。但是，我还是非常怀念大家住在一起的那些日子，那时，虽然生活上过得苦，但是精神上是快乐的。

午时惊魂

□ 邵晋辉

蔡雄，90岁。

邵志昌，87岁。

邵栢荣，86岁。

访谈中老人们一致感慨：从未见过这么大的洪水！

“八三”洪水，在建德，在寿昌，在十八桥，百年一遇！村里的老人只要说起“八三”洪水，无不记忆犹新，唏嘘不已。

1972年8月2日、3日（农历六月廿三、廿四），连续两天一夜的大雨几乎没有停歇，河水暴涨，泛滥，最后酿成一场历史上罕见的特大洪灾。

初夏还在抗旱，晚稻的种植正面临旱情的考验。谁也没有预料到，受7号台风影响，1日开始变天，2日早晨开始下雨。此时正是早稻收割完成、准备晚稻插秧的时候，村民们一早还在秧田里拔秧，天开始变得出奇的冷，冷得让人瑟瑟发抖。天色如墨，雨也越下越大。中午时分，大家终于熬不过，提早收工回家。

2日下午大雨一直下，睡觉时分仍然丝毫没有要停的迹象，那一夜，大人们都没有睡安稳，有人不时起来看看房前屋后，担心要发大水。其实上游上马乡已发大水，很多房屋倒塌。据目击者回忆，3日上午6点半左右，黄金坞水库开始满溢，下游已经一片汪洋，大树上，高堆上都是逃命的人，水里漂浮着稻草树枝、猪牛鸡鸭、水缸、木箱……有的是小孩躲在里面，有的是大人拽着拖着……

3日上午7点多钟开始，寿昌的雨越下越大，倾盆大雨一直不停，下得人心发慌。田野已经灌满了水，有人开始到河边巡查。11点左右，河水已经满到路面。两岸多处堤坝被冲毁，岸边的枫杨树被冲进河里，大量的稻草、残枝败叶和各种杂物被裹携着，在浑浊的洪水中翻滚，冲向林场桥。当时的林场桥两侧的桥头就是筑在洲田（其实就是河滩，没有大水的时候可以种农作物）上的泥路，相当于引桥，桥身宽只有三四十米，却有十几个小桥瓮。此时的桥已经成了一座坝，阻挡着洪水的前进。洪水在这里翻滚着咆哮着，四处寻找出口。寿昌江是一条山溪性河流，流域中弯道、堰坝和桥梁严重影响着行洪能力。从寿昌林场桥再往下游，河南里段的南堨和寿昌大桥也成了蓄水的坝子，七里岗的大急弯几乎成了寿昌江的断头路。据记载，洪水时寿昌老桥最高水位达到52.23米。

中午11点后，河水已经从林场桥一段满进十八桥村。随着雨量和洪水的加大，洪水在宋公桥弯道、河南里南堨、寿昌老桥遇阻，开始咆哮着掉头冲向十八桥。短短一个多小时，水面已经和桌面齐平，田野里水深达到二三米。慌乱中，各家各户都在抢救转移小孩、老人和财产。

家中有倒斗（形如米斗，正梯形，用来打稻，约有1米高）的，就把小孩和老人抱进倒斗，没有倒斗的就用大水缸，有的卸下门板当筏子，或者找根大木料让大一点的小孩扶着淌水……把老人小孩转移到安全一点的坟堆上、砖木结构房的楼上屋顶上之后，又忙着回家中抢救值钱一点的财产。那时的所谓财产，也不过是几件衣物和几只家禽家畜而已，再就是一家人赖以为生的几斤粮食。

浊浪暗涌，危机四伏。11 点半左右，第一座泥房轰然倒塌。接着的半个多小时，100 多间泥房陆续倒塌。整个十八桥村 170 余户人家，只剩下 20 余间砖（泥）木结构的房屋未倒，有下邵（第三、四生产队）吴铁民家，上邵（第一、二生产队）邵永昌家等。老人们回忆，水位一直在快速上涨，但并没有很大的波浪。房子倒塌时，先是直接下沉，继而倾斜倒塌，沉入水中，激起一阵浊浪。一开始，每一次房屋的倒塌都伴随着哭天抢地撕心裂肺的哭声，后来成片倒塌时却几乎不再有哭声，不知是已有预料还是麻木了，大家能做的只是拼命在水中捞取一点值钱的家什。

大队、公社、区三级政府在组织人员抢险救灾。扎起木排竹筏，撑起门板倒斗，开始动员村民往地势较高的邻村上马山、卜家蓬转移。竹排木筏摇摇晃晃，田野里水深已有二三米，风大浪大，非常危险，很多村民一开始不敢。但水位还在不断上涨，低矮一点的坟堆土堆已经无济于事，大家都在拼命往上挤，大大小小的蛇也在往人堆中逃命（并不咬人），小孩子在哇哇大哭……在干部不断地动员下，村民们陆陆续续开始第二次转移，并得到了邻村乡亲们热情的款待。

民间经验认为，洪水多发生在一天当中的子时、酉时和午时。不幸中的大幸，“八三”洪水正是发生在午时，老人们说，如果发生在夜里，那不知要死多少人啊！12 点过后，洪水开始退去，只短短一个小时，洪水就退去了 1 米多。下午 4 点钟左右，田地已经露出水面，雨也渐渐停止。

洪水退去，全村一片狼藉，人们陆陆续续返回家园，大家哭哭啼啼，一片凄惨景象。

接下来的三四天，家中（其实已没有家，只有家人）根本无法起火烧饭，政府组织横山钢铁厂副业队送饭到村里，老人们现在回忆起来还一直说个不停，那饭菜真香啊！接下来的几个月，大家都在忙着灾后自救互救，100 多户要造房子，条件是那么艰难，大家都是你帮我我帮你，出工出力；没有材料，除了政府按评估供应的少量平价木料外，连江里的鹅卵石都被捡得一干二净。从泥浆废墟中挖出的稻谷早已发芽，也只能每家每户分几斤，再就是亲戚朋友的救助，再就是什么能吃就吃什么。

“八三”洪水过后，痛定思痛，1973 年县政府启动七里岗截弯取直工程，至 1993 年在今寿昌刘家村凿通七里岗余脉一段，实现分流，历时 20 年。1973 年重建林场大桥，当时的省群英会代表十八桥村民吴寿荣建议减少桥墩，增高加大桥瓮，县政府在设计时提高了行洪等级。现在的林场桥大小 5 拱（南岸最小的桥拱已经堵死成桥基），桥墩上又各有 3 个小桥洞，泄洪顺畅，造型优美，为典型的中国古代石拱桥造型。

今天，寿昌江十八桥到寿昌大桥一段，防洪工程不仅可以抵御百年一遇的洪水，而且是村民健身休闲的好去处，成了寿昌一道亮丽的风景线。2017 年，市政协在宋公桥对面的江滨公园建起“八三”抗洪纪念碑，以示对历史的铭记和对后人的激励！

想不到，他再也没有上来

□ 陈森贵 口述　沈伟富 整理

1972年8月2日，我们卜家蓬公社小卜家蓬大队的“双抢”已经到了最后关头。当时，我担任大队党支部书记。这天早上，我和大家说，再抓紧点，还有几亩田，种完热高，我们“打拼伙”。大家都说，好！

老天已经旱了好长时间了，温度一天比一天高，我让大家早出工，中午在家里休息，傍晚再出工，这样，可以避开高温。

有些田里都已经没有水了，就连溪（周溪）里也都干了，秧田干得连秧都拔不动。我叫了几个人，到溪里去作（拦）水。他们很吃劲（用力），在溪里挖了好多个凼，等凼里的水满到一定程度，再把水拦到水渠里，流到田里去。

2日早上，天开始阴了下来，广播里说，有台风影响。热了这么长时间，终于凉快下来了，大家都很高兴，干劲也高了，拔秧的拔秧，种田的种田，作水的作水。看来，今年的“双抢”不会过立秋关了。

上午9点多钟，天开始下雨了，不过大家都没有逃回家，都在抓紧干，还很开心，希望雨再下大点。

到了下午，雨就下得非常大了，像倒下来一样，面对面都看不见人，田里的水开始满出来，溪里也开始涨水了。大家都说，今年不用种旱作（旱地粮食）了，全部都种水稻，下半年天天都吃白米饭。

但是，我却开始在心里担心起来，因为那雨下得有点奇怪，我从来没有见过这种下法，它不是一阵阵地下，而是连续地下，并且越下越大，真的像从天上倒下来的样子。我看到溪里的水已经涨到路上、田里来了，就和大队里的几个干部商量，晚上最好要值班。干部们都说好。

吃过晚饭，我就和苏根荣、陈根水、陈和祥、周金荣一起，集中到我表弟黄林荣家开始值班，因为我表弟家离周溪最近，可以说是全村的前沿。当时的大队革委会主任是周永和，因为那几天他的身体不太好，就没有安排值班。

晚上，雨还一直下，耳朵里全是哗哗哗的雨声和轰轰轰的水声，很吓人。我们几个过一段时间，就拿着手电筒，到门外去看看。到了天亮边，溪里的水已经涨到田里来了，有些地势低的人家都开始进水。这时，我们想起了住在溪对面的老党员周余根，他家的地势最低，这个时候肯定进水了。我们几个人一商量，决定去他家帮助搬东西。

去周根余家，要渡过周溪。周溪发源于绿荷塘里面与淳安交界的大湾坑头，不长，流域面积也不大，是条典型的易涨易退的山溪。在我们小卜家蓬这一段溪，又没有一个固定的河道，溪面很宽，河床很高，溪边长满了杂草，平时，大家都在溪里放牛，采猪草，放学后的小孩子都喜欢在上面玩。

虽然大水上涨，但我们知道，水是不深的，最深的地方，也就到人的胳肢窝下，是可以直接淌过去的。

为了安全起见，我们5个人手拉着手，一起向溪对面走去。我们都感觉到，脚下常有滚动的石块朝脚上撞来，很痛。浪头也一个接一个地打过来，一不小心，就全呛水。好在我们一个个都拉得很紧，不至于失控。到了中间，走在最前面的苏根荣大叫了一声，说是被一块大石头砸中。他一下子没站稳，就倒在了水里，和别人拉着的手也放开了，顺水往下漂去。他的水性很好，漂在水上，还和我们招招手，就像平时游泳一样，往下游游去。我们相信，他会找一个比较浅的地方爬上来的，也就没有太担心他，继续往周余根家走去。

周余根家坐落在一座小山坡下，门前就是周溪，屋后的山坡上有棵大樟树。我们来到他家时，他家里已经有一尺多深的水了，一家人正在搬东西。我们几个就一起动手，帮助他们一起，把家里一些要紧的东西全搬到屋后的大樟树下，人也全躲到大樟树下。我们用木头当柱子，用地皮（晒稻谷用）当瓦，在大樟树下搭了个篷，大家挤在一起休息。周余根老婆还用石头搭了个临时灶头，给我们烧饭吃。

饭后，我们站在周余根家屋后的雨篷里，看到对面的人，在蔡长寿、周永和等人的组织下，纷纷往横钢方向转移。我在人群中，看到我的父母、妻子、小弟与大家一起转移，父亲的肩上挑着一担箱子，艰难地走在水中，那箱子几乎是贴着水面往前移的。说实在的，我有点担心他们的安全，但那么大的水，我们又过不去，只能远远地看着，幸好有人组织，有人指挥。

到了下午，雨慢慢地小了，水也开始退下去了。我们几个又重新手拉手地往回走。回到村里，挨家挨户地察看灾情。因为我们小卜家蓬的地势还是不低的，大多数人家都没进水，只有住得低的几户人家进过水，但都没有大的问题。房屋也没倒多少，只倒了几间偏屋（猪栏、厕所之类）。

我们来到苏根荣家，问他有没有回来。他家里人说没有。我们把情况和他家里人说了一下，他家里人说，可能他搁在什么地方，会回来的。我们也没有太在意，都各自回家去了。

到了晚上，我还是不放心，又去苏根荣家。他家里人说，还没回来。这个时候，我就有点慌了。因为水已经基本退去，路也露出来了，如果他已经从某个地方上了岸，这个时候也应该到家了。我对他家里人安慰了几句，就去找我们一同去的几个人，说苏根荣还没有回来。有人说，再等等吧，也许他在寿昌，听说寿昌街上还有水，他可能过不来。

我们等了一个晚上，还是没有等来苏根荣。第二天一早，我们几个就沿着周溪一路往下找。我们边找边问，一直问到寿昌西门外，都说没有看到人。这一下，我们真的有点慌了，因为，我们在寿昌看到的情景，与我们在自己村里看到的情景完全不一样，寿昌街上全是烂污泥，房子差不多都倒光了，田也看不见，全被污泥盖掉了。要是人被冲到这样的地方，基本上就上不来了。

我们重新沿着周溪、寿昌江一路往下找，一直找到七里岗附近，也不见苏根荣的影子。很快，一天时间过去了，我们只得回家，说第二天再找。

第二天，我们组织了更多的人外出找，周溪、寿昌江里一些深水凼都找过，苏根荣很可能会去的地方也都问过，还是没有人，也没有消息。第三天，第四天，第五天……我们天天外出找，最后甚至找到了梅城，仍然一点音信都没有。家里人天天哭，我们的心也很难过，毕竟我们是一起出去的，当时没有及时去救他，总认为他会自己逃回来的（说到这里，陈森贵难过得哭出了声）。

到了第七天，有人才在寿昌汽车站外的江里发现了苏根荣的遗体，已经腐烂了。

苏根荣是个很好的人，大队里有什么事，他都抢着去做，村里人对他的评价都很高。他的父亲是抗日战争的时候去当兵的，再也没有回来。母亲带着他改嫁，他是在继父家长大的。苏根荣死的时候，已经有 3 个小孩了，最大的一个 10 岁，老二 8 岁，最小的只有 2 岁。大队经过商量，决定这 3 个小孩都由村里抚养到 18 岁。

处理完苏根荣的后事之后，我很快就组织大家恢复生产。当年冬季，又利用农闲的时候，把周溪里的泥砂挖出来，卖到工地上去，既利于周溪的行洪，大队里又有了收入。经过一冬的努力，我们加固了周溪两边的堤坝，固定了河道，降低了河床，在原来的溪滩上多改了 200 多亩田。第二年，我们大队因为多出了 200 多亩田，粮食增加了 18 万斤。村里人很高兴，但我的心里一直高兴不起来，因为，苏根荣，我的好兄弟，大队里的好干部，他再也不能回来过这丰收后的幸福生活了。

一只大西瓜

□ 谢广森

“八三”洪水在建德地域上横冲直撞、张牙舞爪的时光，我正在设在建德林场七里泷一个名叫韩家坞林区里的县工农五七学校读书，当时学校还没有放假。由于那时没有电视也没有本地报纸什么的，对此次百年不遇的洪灾而导致的42人死亡、万余间房屋倒塌、5万亩良田冲毁、500万斤粮食损失的灾情信息，我们竟一无所知。

“八三”洪水肆虐的那几天，在那个山岙里读书的我，只觉得这些天老天爷不停地下倾盆大雨。富春江上的水位比平时高了许多，流量猛增了许多，而且原本碧蓝碧蓝的江水已变成了黄色，江面上也都漂着许多树木、垃圾什么的。尤其是校园里那条临江的小路，也被满上来的江水淹没了。去食堂打饭的我们，是要脱了鞋子，捧着饭盒小心翼翼地蹚水来回。

不久，从校部便传来了一个噩耗。说建德这次洪水很大，省里领导已乘直升机来建德视察水灾情况了，那直升机降停在梅城冶校操场上的时候，我们林机连的一位同学，据说是乾潭人，还是班长什么的学生干部，跑去看直升机时，被直升机螺旋桨的叶片劈了部分脑袋瓜。那白花花的脑浆都看到了，整个人浑身上下都是血，已昏死过去的他被救护车送去了医院。能不能救回来，大家都不得而知（但过了许多年后，乾潭的一个同事偶然谈起他，说他仍然活着，但人已经不正常了，因他已没了记忆和思维能力）。

没过几天，我们学校也放了假。我和老乡余广成同学便一道回老家李家。

那年代大家的条件都不好，从七里泷到李家近200来里路，放假回家的我俩，路上仍执行钱能省则省的计划。我们从梅城乘车坐到杨村桥，便下车开始走一段路，走到走不动的时候，再买张车票，坐一段路的客车。

在杨村桥下车后，我发现车站旁马路边的摊位上有一大堆的西瓜，一个中年妇女正在出售。西瓜，在我们那个名叫前山排的村子里几乎很少见到过。记得我第一次见到西瓜是在《小兵张嘎》的电影里。而亲眼见到真实的西瓜，却是在14岁那年。当时，读完小学的我到大同区的一所学校里去考初中，傍晚时分，和几个小学同学到大街上散步时，在一个摊位上，才看到那一瓣瓣剖开来卖的西瓜，瓜瓤绯红绯红的，很诱惑人，可我袋子里一毛钱也没有，只能朝它看看而已。

我名下有两个妹妹和一个弟弟。我想买一个去给他们尝尝。一问价钱，说3分钱一斤。我挑选了一个最大的西瓜，一称有12斤重。余广成也挑选了一个，他比我这只要小许多，他要2角5分钱。但那人只收他2角钱；而我这只要3角6分钱，卖瓜人也只收我3角钱。我俩大喜过望。我们从各自的书包袋里取出随带的一只网袋，将其装进后便或扛或拎地继续赶路回家。

从杨村桥走往下涯的路上，我们看到了路旁此次洪水毁坏的一些田地和村庄；看到了许多被洪水冲倒的泥屋和一片片泥沙、石块压盖了的庄稼地；也看到洪水过后，在田野里扶洗稻子、玉米的一些正忙碌着的社员。

拎着、扛着这只12斤重的西瓜走路，还真有些吃力。但一想到回到家里，当妹妹和弟弟看到这个西瓜时，他们那惊喜的表情，我便来了兴致并增添无穷的力量。可走到下涯时，人的确已很累很累了。因此，我俩又决定买车票继续乘车。

那次原本吃过中饭就能到家的，在傍晚时分我们才到家。

当客车进入李家公社区域内，我从车窗里瞟见，我们前山排大队第二生产小队，那些临近河边，当年为响应“农业学大寨”号召而改造出来的新田，也让洪水冲毁得面目全非了。面对这一情景，我也心痛了起来，改造这些农田，当初我也曾出过好多力，流过不少汗啊！

一回到家，父母很是高兴；而妹妹弟弟们，看到我拎来这么大一个西瓜，那高兴的样子就更加不要说了！

晚饭后，我们一家人围在一起，分享我买来的这个大西瓜。当得知我已回家，特地从潘村赶来看我的姐夫也来了，当然我们也要挽留他和我们一道吃吃西瓜再回家。想不到一剖开这个西瓜时，一股馊臭味便立马四散开来——这个西瓜在洪水里泡久后早就泡坏了！后来我问余广成同学的那只西瓜怎样，他也说是坏的。

“八三”洪水如今过去已近50年，但当年那只12斤重、一路辛辛苦苦拎回家、扛回家的那只馊臭的大西瓜，却仍然会像电脑里的恶意广告，不时地从我记忆深处的荧屏上弹跳出来……

“八三”洪水留给黄家村民的零散记忆

□ 徐建生

每个人内心都流淌着一条母亲河，无关乎她的大小、长短。默默地滋润养育着沿岸的父老乡亲，是我们心目中念兹在兹的最甜美的河。

我老家也有这样一条河——劳村溪，她属于寿昌江两支源头的其中之一。劳村溪源自李家沙墩头西坑源与北坑源的崇山峻岭之间，蜿蜒向东流经李家、劳村然后进入黄家，终于大同永平村，最后与另一支主源叫大同溪的汇合。经过老家的这一段，我们大家都叫她海江（南丰腔口音），其实就是大江的意思。

每逢夏天，海江里经常活跃着扪鱼、摸虾、游泳、打水仗的小孩。尤其每到傍晚，溪滩会变得更热闹，几乎全村人都汇聚在这里。男男女女、老老少少在上下游分隔10来米远的河荡里洗澡。洗完澡，男人们往往挑担饮用水，女人们则洗完家人换洗衣物各自回家。在极度乏味的年代，这条海江就成了儿童的乐园，多少也给我暗淡的童年留下一抹明快记忆。

由于整条寿昌江是比较典型的山溪，而在上游表现得更为明显。每年秋冬季河水相对偏少，而到春夏季节就很充沛。如果遇到上游地区突降暴雨，河流就很容易泛滥，比如史称百年不遇的洪灾“八三”洪水。1972年夏初久旱无雨，造成土地开裂；而8月初受7号台风影响，2—3日境内大范围连降暴雨，水位猛涨，致使大同、寿昌、更楼等地悉数被淹。

据史料记载，整个寿昌江流域因此次洪水死42人，伤500余人；受灾良田多达5万亩，另有大量房屋倒塌、堤坝冲毁；损失粮食达500余万斤。林林总总对于一个当时才6岁懵懂的我来说，还能有多少模糊印记？这件事过去将近50年，然死去的42人当中意外有个同村的人，还深深刻画在我脑海中，可想而知那场水灾的确非同一般。希望今天从历史长河中，尽可能多地打捞一些残片，然后拼凑出洪水过境大同黄家村时的场景，以及后续为此所付出的努力，以对那段尘封已久的历史予以警示与纪念。

一根木头断送一条年轻的生命

灾害最大的损失，莫过于失去生命。近日回到老家走访，了解村民张美华被当时洪水冲走的情景。由于年代久远，时至今日人们的回忆都是零零碎碎的片段。综合村文化员黄国云，原大队长张春寿和张月明回忆：那年8月初，正进入一年抢收抢种季尾声。8月2日，整个大同地区普降暴雨。第二天上午，据说张家蓬村民张美华到丰畈村帮亲戚挑稻谷，完了就匆匆回家。一路下着瓢泼大雨，走到劳村桥头，此时洪水已经淹没桥面，于是他只能改走海江南岸涉水绕行拼命往家里赶。

新修的堤坝已淹没在一片汪洋中，江水滚滚，浊浪滔天。张美华的家，紧贴江岸离江面约有七八米高，远远看见河水几乎涨到家门口。由于我村整个处在北岸相对安全的高地，每次洪水不会对村民构成直接影响。这么大的洪水前所未见，所以没事的村民都朝江边走，红旗大坝上全是站满了两岸看热闹的人。还有人沿江水沟的出水口捞鱼虾，到家后他也跟着人流看涨大水。大家走到老樟树底，突然有人看到一根横条（估计上游有房屋被冲毁），伴着漂浮的杂物在江中起起伏伏，随江水迅速往下游冲去。

人群中有几个胆大的跳入江中，张美华啥也不顾跟着跳下去。那时树木很金贵，像我所在生产队大部分人都还挤在土改来的地主家房屋，人们都想建造新房子。几个人奔着横条拼命往江心游，想将它打捞回家。游了一会儿，下蓬的李如康几个看浪太急，就调头回游。而他不知什么原因，却继续向横条游去。也许浪太急，他游的速度赶不上横条；也许是游了三四十米体力有些不支，始终没能抓住横条。红旗大坝与岸边的人都睁大眼盯着，都在为这小年轻捏一把汗，有人在喊他上岸，劝他不要去捞。

当初为便于泄洪，南岸堤坝尾部特地预留有二十几米宽的泄洪口。眼看离红旗大坝十几米远，他快要抓住横条，这时主河道与泄洪口灌入的洪水形成巨大漩涡裹挟着他。瞬间人与树一起被卷入大坝桥洞波涛中，最后人们只见张美华的手在空中舞了几下。直到第二天临近中午，人们才在900多米远的下游河床发现他的尸体。那一年他刚好17岁，正年富力强，年轻鲜活的生命就这样被洪水吞噬。失去亲人（包括黄家村民张美华在内），是“八三”洪水留给那个年代，留给寿昌江沿岸所有人共同的最痛苦的记忆。

洪灾对刚新修的堤坝与改建的田地造成严重毁损

在提起这次洪灾，这里有必要先交代一下海江的前世今生。目前大家的所见不是它的原貌，而是后来人为改道而成的。起初劳村溪自那株大樟树底，河道沿东南方向自然蜿蜒到红旗大坝，呈一个大而胖的 C 字形凸出；自黄山头村张家到我村入村口的凉亭与大同交界处，下面这段也呈 C 形瘦长不规则弯曲，为历经千百年所形成的自然河道。且成为那时黄家村与黄山头村以江为界、划江而治的分界线。原本的分界线一目了然，后因河道改建，搞得现在有些含混不清了。

大兴土木好像是在 1969 年冬季开始的。改造山河，是那个时代赋予劳动人民的使命担当。眼看着当初的河道北岸大面积荒芜，人们觉得不加以利用浪费了挺可惜。地势低缓的滩涂一直延伸到后面高高的长岗，如果将两段 C 形河道截弯取直，可造出不少便于灌溉的良田。而且根据地势地貌，非常有利于造田改道，所以就有了今天这般模样。

仅劳村樟树底以下到黄家与大同交界这一段，就涉及到劳村、黄家、黄山头 3 个村。所以确权后，各村根据自己归属地按各自生产队所属，差不多同步进行分段施工。那时毕竟我还少不更事，对于南面新修砌堤坝、北面开凿河道、开荒造田情况没有一丁点的印象。后据长辈说，前后历时 3 年多的努力，就新修建了 3000 余米堤坝，另外改造出 200 多亩田。在“农业学大寨”的年代，没有机械，都是靠人挑肩扛的。让你不得不佩服他们那种“敢叫日月换新天”的气概，并对他们那种“与天斗，与地斗”的大无畏精神肃然起敬。那真是一个了不起的年代，还有了不起的人民。

河道改建后，还没有来得及享受多年付出辛劳的成果，没想到当年就遭受了百年不遇的“八三”洪水大考，结果惨遭重创。大部分堤坝夷为平地，而新改的良田一片狼藉。

在将完稿前，遇本村下蓬家也在海江边的杨树云。据这位老兄回忆：当时滚滚洪水从李家直冲下来，在劳村大桥下急转弯，遇到磡头高地阻挡，形成巨大的反冲击力直指对岸地势低的劳村，加上下游开凿的北岸有部分坍塌，洪水下行速度减缓形成倒灌，威胁着劳村整个村庄的安全。为保护村民的生命财产，公社领导当机立断，将新修的南堤炸开一个缺口进行洪水分流。人命关天啊！幸运的是，村民安然无恙，生命财产得到有效保护；遗憾的是，下游到红旗大坝以上我村那段，洪水所到之处田地、堤坝几乎全遭殃。据他描述，整个沙畈与海江成了汪洋大海，洪水过后一片狼藉，3 年多来人们所付出的所有努力几乎付诸东流。堤坝毁得面目全非，新改建的田畈几乎成了乱石滩，人们后来将这片田称呼为沙畈。

灾后重建迫在眉睫

目之所及，满目疮痍。一场可怕的洪灾，造成刚修建的堤坝坍塌，刚开垦的农田被毁；更严重的是对每一位村民的精神打击。洪灾过后，自强不息的沿江村民马上开始生产自救、恢复生产。对未收割的农田抢收抢种；对插完秧的着手扶苗、补苗；对被冲毁严重的“田”补种上玉米或其他旱地作物。

因担心二次洪灾来袭，所以接下来迫在眉睫的就是抢修堤坝。在当地政府组织下，村民们马不停蹄地对堤坝进行抢修。印象中炭灶垄、冷水坑两个生产队大老远都赶来支援，他们中饭集中放在我家蒸；休工后钢钎、榔头、洋镐、铁锹、畚箕、锄头、铁箍、木杠等劳动工具都放在我家，这些情况我还有不少印象。时间长了与他们熟了，他们带我一起来到施工现场。在工地上没事，我抓起好些陶土（高岭土）玩，之后顺便拿回家。

由于“文革”中后期，父亲曾有江西煎樟脑油经历而误扣“投机倒把”的帽子。因遭多次关押、批斗而感染肺结核，所以干不了重的体力活。大姐徐庆云、大哥徐小云每天不得不去参加生产队劳动。除了平时的农活，小小年纪也加入到抢修的大军。父亲在家养病期间，他一面将房前屋后的石窝子地收拾种上桃、梨树，一面放养二三十只麻鸭，以期能慢慢偿还年年超支和接济10口之家最基本的开支。那时候这些都属于资本主义的尾巴，但父亲为维持家庭生计，也只能做出这般无奈之举。后来为躲避风声，他与他的鸭被迫迁至我外婆家那里。1974年，他不幸在异乡离世，抛下他9个至亲的亲人，包括81岁的爷爷、我的母亲、大姐、3个哥哥、一个小弟及4岁的小妹。

父亲走了，大哥仿佛是一夜之间就长大了，成为一个顶天立地的男子汉。16岁的大哥跟着大3岁的姐姐，每天参加生产队劳动。凡是男人的农活，犁耙耕耖样样去学，后来竟成了这方面的行家里手。沙畈被毁农田整改是第二年的事了，每到农闲就去挑土，搬运石块，晚上还经常加班到九十点。每挑一担沙土就给一块小纸牌，然后根据拿到纸牌多少计算当天的工分。他与大姐都很要强，玩命地支撑起风雨飘摇的家。很多次晚上和周末，我几个兄弟姐妹也跑去帮忙。挖土的挖土，倒土的倒土，拿纸牌的拿纸牌，为哥哥姐姐节省了不少时间。大家彼此分工轮流上，看到弟弟妹妹们很卖力，哥哥姐姐挑得更快。两个半劳力，可以抵上两个正劳力每天所挣的工分。这样连续一干就是几年，因此给我的印象特深刻。

印象中好像当时学校还组织我们去现场宣传慰问，只见工地上插满红旗，喇叭里放着革命歌曲。当时六七百号人热火朝天的劳动场景，还历历在目。每当说起这些，60 多岁的大哥眼里竟还会噙着泪花。他没日没夜地付出，尤其是巨额超支的压力下，心里所遭受的苦痛与委屈，作为弟弟妹妹的我们是很难切身体会得到的。

灾后出现流行传染病疫情

大灾过后必有大疫，“八三”洪水也不可能幸免。当时我所在生产队的谢志成就染上了一种可怕的疾病，四处求医问药找偏方；后辗转到金华医院，确诊为一种叫流行性出血热的传染病。整个村坊里还有几位也染上这种病，一时间谣言四起，搞得人心惶惶，大家笼罩在瘟疫的阴影中。

流行性出血热这种传染病，农村人俗称老鼠病。它是由病毒引起的，以鼠类为主要传染源的自然疫源性疾病，是以发热、出血倾向及肾脏损害为主要临床表现特征的急性病毒性传染病。主要经密切接触传播，即接触病死动物和病人的尸体，以及感染动物和病人的血液、分泌物、排泄物、呕吐物等，经黏膜和破损的皮肤传播。传染性强，病死率非常高。

当年全县累计发现出血热病例有127人，在寿昌江流域受灾地区发病的有60多人，其中在建德三院住院治疗的就有40多人。从资料上看到，这种病在上年年底就有病例发现。1972年“八三”洪水过后出现小规模的爆发，还好后来政府及时做好了防疫，没有造成大规模流行。

后记：每当社会遇到重大的自然灾害，回过头来看，出现这次大洪灾有迹可循。所谓事出有因，凡是皆有因果。与此前轰轰烈烈开展的“农业学大寨”有关，造成了大量森林被砍伐，原有的山体开挖，生态植被过度破坏，受伤的大自然最终给人类以报复性惩罚。一场灾难一转眼让那些鲜活的生命戛然而止，宝贵财产付诸东流。那可不是什么简单冰冷的数字，而是劳动人民实实在在的付出。

教训是惨痛的，心有余悸、痛定思痛的人们除了追本溯源查找原因，同时更应该学会深刻反思。生活在大自然当中的我们，必须要尊重科学，敬畏、善待大自然。亲山爱水，遵循人与自然和谐共生、和平共处。正如习总书记所倡导的那样：绿水青山就是金山银山。

两堆稻草

□郑　秀 口述　沈伟富 整理

1972年8月初，田里的稻子已经全部割完，该种的田也差不多都种下去了，夏收夏种很快就要结束了。累了半个多月的妻子说，她要回娘家去玩几天。我看着她一天天大起来的肚子，我既感到幸福，又感到心疼，因为这个夏天，她没少忙，脸晒黑了，人也瘦了，就同意了她的要求。因为我是生产队植保员，稻子种下去，紧接着就要进行植保，一时走不开，我就让她自己一个人回徐韩娘家去。

妻子走的那天，热了很久的天开始阴了下来。广播里说，受台风影响，未来几天可能要下雨。

一听说要下雨，我心里就一阵的高兴，因为夏天下雨，不光天会阴凉下来，田也不会被晒干。都说农民是靠天吃饭的，这话一点都不假。

我们久山湖，正好位于上马溪与劳村溪的交汇处，虽然灌溉不是个大问题，但是天一旱，有些田还是开始干了。作为植保员，一方面要管好那么多田的病虫害，还要严密监视田水的变化，因为田水不同，病虫害也会有不同的反应。

送走妻子后，我一个人背着喷雾器，在村前的田间巡回察看，直到天真的下起雨来，我才放下喷雾器，回家休息。

8月2日下午，雨越下越大，大得吓人，我有点坐不住了，就到门口张望。对面的山已经被雨完全遮住，一点也看不见。屋檐的水就像倒下来一样，哗哗哗地往下挂。我妈自言自语地说，天破了。

这天晚上，我就是在这哗哗的雨声中进入梦乡的。第二天一早，我就去找支书郑锡根，对他说，这雨下得好像有点不对劲，我们去田里看看吧。

郑锡根说，好的。我俩就披上蓑衣，戴上笠帽，一起来到溪边的田里。一看，我俩都吓出了一身冷汗，大溪里的水好像有什么妖怪似的，拼命地翻滚着往上涨，水里的树根、木头、稻草好像在变戏法似的，一上一下，往下游冲去。

看到稻草，郑锡根说，我们的稻草离大溪不远，如果水再往上涨，就会被冲走，那可是村里的牛过冬的口粮啊。我俩马上转身，到溪边去搬稻草。

稻草是已经晒干后堆在田塍上的，原来是准备“双抢”结束后再来搬。堆稻草的地方离溪近，地势又低，不断上涨的水已经漫到稻草堆边了。我们两个用手把稻草一把一把地往高处拖，不到半小时，水就涨到稻草堆边了。当我们把两堆稻草拖到新的地方后，洪水后脚就跟到新堆稻草的地方了。

正当我们想把稻草继续往高的地方拖时，听到有人远远地对着我们喊：不要管稻草了，村里的房屋都倒光了！我们一听，赶紧丢下稻草，往村里跑去。

我们久山湖村被劳村溪紧紧地夹在山脚。我们赶到村里，劳村溪已经冲开村前的堤坝，漫过田塍，往村里涌来。村里的那口池塘早已经不见了踪影，看上去只是一片汪洋。除了池塘边的那幢“九馀堂”，其他房屋基本都倒光了。“九馀堂”是以前我们村里的大户人家的房子，由 9 兄弟共同建造，所以取名叫“九馀堂”。因为是砖墙，浸到水，也不容易倒。好在村里的人都已经逃到后山上去了，没有人员伤亡。

由于我家住得高，没有进水，一家都很平安。

下午，洪水开始退去，书记组织大队其他干部和青壮劳力帮助受灾户开展自救。他带上我又跑到田里去察看，那两堆稻草没有被冲走，但是田里的浮土——耕作层——已经被水洗得干干净净，刚种下的秧苗也被连根拔走。看到这些情景，我们都很心痛，因为重新补种，已经没有秧苗了，这就意味着全村人今冬明春将会饿肚子。

我和书记商量，等洪水完全退去后，把田再耕一遍，种上玉米、大豆等旱地作物。

那一年，因为补种及时，村里人才没有挨饿。

我所经历的“八三”洪水

□ 邹根清

1972年8月3日，受七号台风的影响，寿昌江流域从3日零时开始不到8个小时，降雨量达355.3毫米，霎时寿昌江洪水暴发，水位达34.79米（平时正常水位26.5米），流量3160立方米/秒，这是寿昌江东坐落在江边的更楼村，历史上从未遇到过的暴雨形成的洪水位和洪水流量。

当时我在新安江水力发电厂党委组织科工作，当接到家里由于洪水已进水、洪水还在上涨的告急电话后，领导非常关心，电厂党委书记冯树仁同志立即调派一辆吉普车要我迅速回家，并告诉驾驶员陈才发同志，车到更楼后，根据水情车可留在更楼参加更楼的抗洪，并照顾好我的家庭。我没有回宿舍就立刻上了吉普车，车即刻向更楼方向飞速行驶。不到15分钟，当车行驶到黄泥墩村松树底时，公路已被洪水淹没，水深达1米左右，车已无法通过，只好掉头回电厂。我只好下车涉水到黄泥墩铁路，步行前往更楼。当急步走到更楼化工厂公路与铁路交叉口时，我向更楼一望，只见更楼房屋一半在水下，一半在水面。更楼四周汪洋一片，恰似海洋中的一个孤岛。因洪水还在上涨，正在铁路上执勤的一位工人师傅告诉我，更楼公社党委决定：为了安全，在洪水没有稳定（不再上涨）之前，除抗洪人员外，其他人员一律不许进村。我只好在铁路上等待洪水稳定。此时大概洪水要接近顶峰了，水面上漂浮着一片农作物、稻草堆、树木、各式家具、家禽等，随洪水急流而下。听说更楼上游有数人被洪水冲走，更楼大地一片洪流，凄凉情景真是惨不忍睹，也不知家乡更楼的父老乡亲、我家父母及妻子儿女安危如何。此时更加激起了我立即想进村回家的念头，正当我向执勤人员提出进村回家的要求时，恰逢我熟识的更楼人叶凳山和王葡土同志，他们告诉我：由于更楼公社党委决策及时、措施得力，公社党委书记方进才同志亲自带领一名妇女干部方秀云同志到更楼抗洪一线，领导和组织更楼村干部群众在洪水进村之前，将更楼所有的危房户、泥墙户，老、小、病、残者全部转移安置到安全地带。然后调来一艘小木船，在洪水中巡查群众安危。但据说我父母还在家里，考虑父母安危，当时我就决定：“先回家，后再寻找妻子儿女。”等候不到半小时，听抗洪执勤工人师傅说，洪水稳定了（洪水位已停止上升），他问我会否游泳，我说会，他就同意我进更楼回家。当我边涉水边游泳到家后，父母及邻近的父老乡亲一道已被更楼公社转移到一座非常牢固的砼砖结构的瓦房楼上，平安无事。当日傍晚，我嘱咐父母注意安全，就涉水到铁路上，然后前往更楼粮站找到了我的妻子和儿女，在粮站住了一宿。8 月 4 日上午，洪水退了，我和妻子儿女离开更楼粮站，回到了家里。这时，邻近亲友也来到我家看望我们，并表示帮助我家清理洪水过后家里被覆盖的淤泥。

8 月 5 日上午，我就步行到新安江，乘电厂的交通车回到了电厂。当日下午，我含泪向电厂党委写了报告，恳求电厂帮助我家乡更楼抗洪救灾，电厂党委十分重视，当即研究决定，抽调3名电工、3名机修工，材料科派一名工作人员，由我带队到我家乡更楼参加抗洪救灾。8月7日上午，我们一行8人就到更楼公社报到。根据公社安排，我们负责抢修更楼段沿寿昌江两岸水泥杆高压线路，同时修理沿江两岸的两台大型水泵。我们自带所有抢修器材，抢修器材和人员由厂车接送，抢修人员坚持每天工作10个小时。用了一周时间，我们就圆满完成了任务，及时解决了沿江两岸的几百亩良田的排灌。

一点建议：

寿昌江发源于我市寿昌西南部的大坑源，与衢县、淳安县交界的千里岗三井尖接近，江流由西向南流向东北，从大坑源流至大同与劳村溪汇合，形成干流。经大同、溪沿、寿昌、于合、更楼、源口，在罗桐埠汇入新安江，全长57.1公里，流域面积681平方公里，江源至江口高差428米，属山溪性江河，急流时间短、降比大、流速大、洪水暴涨暴落，洪峰持续不长，暴雨易成灾。特别是更楼地处寿昌江出口附近，落差大、洪水危害特别严重。根据这一特点，加上现在地域性的气候，水文预测、天气预报科学程度有限，突发性的天气自然现象时有发生，如台风、龙卷风、强冷、暖气流形成的低压槽等都会带来强降水。尽管现在寿昌江出口处新安江有新安江水电站拦洪大坝，新安江的洪水再也不会发生倒灌。寿昌江从上世纪90年代开始，国家又投入了大量资金治理，经治理后，现在江面宽了，河堤高了，河床低了，为防洪创造历史性的条件。但防洪意识不能松，特别是更楼社区党委、管委会要紧绷防洪这根弦，平时除管好、维护好经过治理后的更楼段寿昌江外，每一年洪水期之前必须做好防洪的一切工作，如：防洪物资、场所，制定防洪制度、抗洪方案，要做到在任何时候、任何情况下若出现暴雨洪水，都能确保老百姓的平安，把财产损失降到最低限度。

“八三”洪水过去已近半个世纪，当年防洪抗洪的经验值得借鉴。

“八三”洪水警钟长鸣，作为更楼人我们这一代一定要坚持把防洪抗洪各项工作做好，让世世代代更楼人在寿昌江边过着祥和、安康、美好、幸福的生活。

附一

抗击“八三”洪水碑记

浙西寿昌，域内多山多溪，若遇雨成洪，则排涝不畅，灾害频仍。公元一千九百七十二年八月三日午时，因连日淫雨，寿昌江瞬间暴涨，江水如脱缰野马，奔腾咆哮，两岸良田村舍悉数被淹，顿成一片泽国。域内但见洪水肆虐，房屋坍塌无数，几无完者；牲口随波逐流，不知所终；物件漂浮满目，无以为计；“三线”断绝，音讯不通；道路冲毁，抢险受阻；灾民无所藏身，呼天抢地，乔木树梢，人头浮动，村内坟茔，聚满避洪者，内幼外长，抱团自救。据灾后统计，全邑受灾三十三个公社，受淹土地八万余亩，毁圮房屋一万一千余间，遇难三十三人，冲走牲畜一千二百余头，冲毁堤坝二十三万余米，损失物资不计其数。沧海横流，方显英雄本色。义勇如涂瑞雄、王宏柏者，不顾生命危险，营救数人后葬身洪流，昭显大无畏之精神。邑内各级领导，灾中始终亲临一线，以群众、水库、粮食为抢救重点，率众开展抢险救灾工作，使损失减小至最低限度；灾后即刻着手解决灾民吃住问题，积极组织群众恢复生产，不违农时，抢收抢种，体现人定胜天之气概。“八三”洪水为原寿邑史上最为严重、损失最大之自然灾害，其惨痛教训当为世代人铭记。数载以来，本邑诸多政协委员曾以社情民意形式，倡议立碑纪念。今由市政协主倡，寿昌镇人民政府主持实施，于原寿邑圣山黄尖山麓、艾溪水滨建亭立碑，以示后人。水利乃百年大计，自大禹以降，向为国之根本。以水利为重，实乃以民生为重。荀子曰：“天行有常，不为尧存，不为桀亡。应之以治则吉，应之以乱则凶。”故当防微杜渐，科学治水，抗乃不得已而为之。呜呼，昔之惨景历历在目，警世之钟当不绝于耳。“五水共治”之举，亦今之所善业者也，幸夫。是为记。公元二零一六年八月三日建德市政协主席吴铁民谨记。

附二

关于上报抗灾基建
项目及所需资金、三材的报告

建革生字（72）第259号

杭州市革委会生产指挥组：

我县8月3日，因受第七号台风影响，暴雨倾泻，山洪爆发，洪水泛滥成灾。全县43个公社，213个大队，有33个公社，265个大队，不同程度的受灾。其中县属工矿，农企事业，受灾的12个单位，倒塌房屋9300多平方米，国营商业、金融、粮油、房屋系统等受灾14个单位，倒塌职工宿舍、仓库、办公室、门市部等15500平方米，文教系统，倒塌房屋14800平方米，社办企业，手工业系统受灾16个单位，倒塌房屋4900平方米，共计44500平方米，冲毁路段11条，5公里，电讯、广播、高低电力线路阻断总长1240公里。

“八三”洪水后，在毛主席革命路线指引下，在省、市委、革委会的正确领导和关怀下，全县广大军民学大寨、学南堡。发扬“一不怕苦，二不怕死”的革命精神，战胜洪水袭击，在较短时间内，基本上安置了社员、职工生活。完成抢收抢种，改种任务。县委为了加强对抗灾建设的领导，成立抗灾建设领导小组，抽调干部，对寿昌江流域的综合治理问题，进行了实地勘测，逐段踏勘，分析研究。初定了综合治理寿昌江的规划（已上报专题），对厂矿、企事业、学校等恢复建设也做了初步规划，拟在二年内全部完成。

厂矿、企事业、学校等基建项目，初步预算，土建面积44284平方米，需资金902.49万元，钢材715.55吨，木材1947.4立方米，水泥31176吨，及部分设备。其中今冬明春建面积26570平方米，需资金288万元钢材234吨，木材687立方米，水泥9914吨（详见附麦）

我县1972年资金、三材原来缺口很大，加上洪灾困难更重。遵照毛主席“自力更生”、“艰苦奋斗”的教导，经再三安排，只能解决资金80万元，钢材50吨，木材100立方米，水泥7000吨。其余不足部分要求市帮助解决。特此报告，请批复。

建德县革委会生产指挥组

一九七二年九月二十日

附三

寿昌区特大洪水受灾及抗洪情况统计表

数 项目 目 公社（单位）	伤亡人数					基本建设被冲毁						抗洪情况				受灾情况				备注
	淹死	其中牺牲	落水	重伤	轻伤	水库	山塘	堰坝		机埠	加工厂	总人数	干部数	厂矿部门	部队	总户数	缺粮	缺穿	缺住	
								条数	长度											
搬运站												93	7	93		22	12	15	22	
手工业	3											190	21	190		33	14	18	30	
卫生所												6	2	6		1		1	1	
酒厂				1								53	4	53		6		4	6	
零售												320	25	320		48	11	24	40	

续表

项目数目 公社（单位）	伤亡人数					基本建设被冲毁						抗洪情况				受灾情况				备注
	淹死	其中牺牲	落水	重伤	轻伤	水库	山塘	堰坝条数	堰坝长度	机埠	加工厂	总人数	干部数	厂矿部门	部队	总户数	缺粮	缺穿	缺住	
购粮所												70	11	70						
社办工业	1											180	17	180		47	21	17	47	
居民区	2											350	26	324		115	75	80	115	
综合商店												250	21	250		13	5	8	13	
小学												15	15			17			17	
合计	6			1	150							1386	134	1386		191	138	167	296	
城北												88	17			9	1		5	
东门	2				4			2	600		1	220	80			177	150	108	177	

续表

数目 项目 公社（单位）	伤亡人数					基本建设被冲毁						抗洪情况				受灾情况				备注
	淹死	其中牺牲	落水	重伤	轻伤	水库	山塘	堰坝 条数	堰坝 长度	机埠	加工厂	总人数	干部数	厂矿部门	部队	总户数	缺粮	缺穿	缺住	
西门			352		56			2	250	2	1	800	120			302	260	40	300	
河南里			300	2	2		4	1	13米	2	1	200	16		30	55	55	30	55	
卜家蓬	1				10							100	17			2			2	
城中							3	3	180	2	1	600	31			61	58	37	61	
横钢	1	1		2								700								
合计	4	1	652		72		7	8	1043	6	4	2508	281		30	606	524	255	598	

数 项目 / 目 / 公社（单位）	淹没田亩						冲毁房屋				粮食仓库损失情况						社员粮食数	耕牛死亡数	生猪死亡数
	总田亩	其中					全倒		半倒		冲倒			淹没					
		冲毁	早稻	晚稻	玉米	秧田	户数	间数	户数	间数	个数	间数	粮食	个数	间数	粮食			
搬运站							21	47	1	3									
手工业							28	54	5	7									
卫生所							1	4											
酒厂							6	20											
零售							48	139	1	13									
购粮所														2	30	56万			
居民区							115	442	4	12									
综合店							13	36	1	4									
小学							1	42	1	7									
社办工业							45	123	2	18									

续表

项目 / 数目 / 公社（单位）	淹没田亩						冲毁房屋				粮食仓库损失情况						社员粮食数	耕牛死亡数	生猪死亡数
	总田亩	其中					全倒		半倒		冲倒			淹没					
		冲毁	早稻	晚稻	玉米	秧田	户数	间数	户数	间数	个数	间数	粮食	个数	间数	粮食			
合计							278		15	64				2	30	56万			
城北							5	17	4	9				2	4	1万	1000		2
东门	360	120	40	165	30	5	170	375	7	14	3	9	9万	4	11	13万	25000		110
西门	567	140	93	232	54	48	260	520	42	126	7	28	42万	1	8	6万	48900		188
河南里	351	40	80	210	26	5.6	49	118	6	10	1	10	95400				12002		30
卜家蓬	45	28	5	12		1	2	2											
城中	153	75	26	49	47	3	58	180	4	9	2	7	52500	4	15	20万	13000		30
合计	1534	403	244	668	157	62.6	543	1212	63	168	13	54	657990	11	38	40万	99900		361

附四

“八三”洪水集体灾情统计表

大队	冲毁田亩					淹没田亩					房屋损失（间）					粮食损失（斤）		猪损失（头）	家禽损失（只）
	合计	早稻	晚秋	蔬菜	经济作物	合计	早稻	晚秋	蔬菜	经济作物	仓库	牛栏	饲养场	其他	合计平方米	冲毁	水湿		
合计	476.7	114.7	286.7	38	37.3	591.2	113.9	384	76.5	16.8	58.5	32	120	32		328.650	360.023	132	24
东门	127.2	36.1	42.7	33	15.4	217.7	53.4	92	72	0.3	9.5	10	13	6	438	25.600	81.000	23	
西门	191.5	45.6	137		11.9	203	43	143	0.5	16.5	34	17	29	16		187.550	133.000	105	24
城中	116	33	70	5	8	170.5	17.5	149	4		10	1	1	5	328	65.500	101.023	2	
河南里	20		20								5	4	77	5		50.000	30.000	2	
城北	22		20		2												15.000		

大队	水利、设备、加工厂损失										农具损失（件）					估计损失金额（元）	备注
	冲毁山塘（个）	机（座）埠		堰坝		渠道		加工厂			稻桶（只）	犁耙耖（件）	水车（部）	打稻机（台）	其他（台）		
		冲毁	水淹	条	公尺	条	公尺	冲走机器（台）		水淹机器（台）							
合计	5	2	1	9	1054	8	1330	5			23	59	16	11	269		
东门				1	600	1	400				1	11	6		38	4676	
西门	5	1	1	2	200	2	210	5			18	34	9	9	183		
城中				1	4	1	200				4	14	1	1	19	17352	
河南里		1				2	500							1	29		
城北				5	250	2	20										

大队	受灾户数	总人口	房屋损失（间）					用具衣着损失（件）			粮食损失（斤）			毛猪损失（头）	家禽损失（只）	估计损失金额（元）	类型		
			楼房	平房	厨房	猪栏	合计平方米	农具	用具	衣着	合计	其中					一类	二类	三类
												冲毁	水湿						
合计	706	3166	340	890	235.5	220		119.4	3122	1215	24520	20940	3580	78	1469				
东门	94	441	55	124	39	34	5593.5	202	388	190	3061	2491	570	4	86	22564.5			
西门	288	1272	134.5	353.5	101	129		805	1371	638	6184	6154		62	967				
城中	95	397	27.5	112.5	49	34	30.95	143	510	174	5198	4348	850	5	189	28415			
河南里	57	264	15	120.5	17.5	8		28	65	8	1495	1495		5	41				
城北	10	44	12.5	11.5	4	5	527	16	63	27	3120	960	2160	1	40				
居民区	162	748	95.5	168	25	10			725	178	5492	5492		1	146	39050